儿科医生育儿详解

——儿童早期发展的家庭实践

陈津津 朱建征 汪秀莲 吴丹 著

目录

第一部分 宝宝健康养育

识别宝宝的饥饿信号 2
培养宝宝的饥饿感 6
宝宝能吃零食吗 9
如何给宝宝做抚触 10
如何给宝宝做被动操 12
如何给宝宝做主动操 14
如何给宝宝做竹竿操 17
如何让宝宝一夜安睡 18
宝宝便秘怎么办 23
儿童腹泻，警惕这些药物 27
宝宝夏季防晒攻略 31
给宝宝穿衣的原则 34
宝宝冬季如何保暖 35
秋冬季儿童补水 37
宝宝不爱喝水怎么办 40
如何为宝宝选择儿童安全座椅 41
让宝宝在旅行中远离疾病 44
宝宝补钙问题 48
肋外翻、枕秃，是缺钙吗 50
多吃钙片、多睡觉能长高吗 51
早产儿的护理 54
适合早产儿的配方奶 56
早产儿家庭早期干预 58

第二部分 宝宝健康成长

宝宝依恋的产生 64
0—1 岁宝宝的动作发展 65
0—1 岁宝宝精细动作的发展与训练 67
0—1 岁宝宝的语言发展 71
如何促进宝宝的视觉发育 72
如何促进宝宝的听觉发育 74
如何训练宝宝爬行 75
1—2 岁宝宝的动作发展 77
1—2 岁宝宝精细动作的发展与训练 78
1—2 岁宝宝的语言发展 81
1 岁半的宝宝为什么特别难带 82
2—3 岁宝宝精细动作的发展与训练 83
3 岁真的能看到老吗 85
宝宝玩自己的“小鸡鸡”，怎么办 86
男宝宝的包皮卫生管理 87
入园入托，减轻宝宝的分离焦虑 89
宝宝入托需要谨防哪些高发病 90
宝宝注意力发展的特点 91
宝宝入学准备，提升注意力 92
学好乐器，让孩子自信 94
如何掌控电子产品和电视对宝宝的影响 95
二胎时代，大宝的特殊需要 98

第三部分 家庭小医生

健康体检从宝宝做起 102

宝宝发烧了，是细菌还是病毒引起的 103

宝宝发烧，焐汗就能退烧吗 105

小儿热性惊厥该如何处理 107

警惕新生儿泪囊炎 109

宝宝的流涎问题 110

什么是感觉统合失调 110

宝宝意外伤害处理——烫伤 113

宝宝意外伤害处理——误食和窒息 114

宝宝意外伤害处理——跌落 118

宝宝意外伤害处理——溺水 118

宝宝割了扁桃体，抵抗力会下降吗 119

宝宝得了中耳炎，听力会永久性受损吗 120

宝宝脸上有“白斑”，要打蛔虫吗 120

让宝宝远离肥胖 121

宝宝个子矮小是病吗 125

宝宝肌肤问题 127

宝宝口吃怎么办 130

经常眨眼、耸肩、努嘴巴、清嗓子，是病吗 132
宝宝这么小就近视了怎么办 135
宝宝乳牙龋了怎么办 137
宝宝换牙那点事 139
雾霾天，宝宝该如何保健 140
什么是“多动症” 143
“多动症”的药吃了会变呆吗 145
好动、注意力分散的宝宝要检查血铅 146
疫苗会打出自闭症吗 153

第一部分
宝宝健康养育

识别宝宝的饥饿信号

小宝宝不会说话，也没有办法与成人沟通，如何判断宝宝是否饥饿，如何识别宝宝的饥饿信号，就成了妈妈的困惑。

宝宝按自己需要调节食量

宝宝的身体需要各有不同，不用与别人家的宝宝比较食量。宝宝每餐、每天的食量都不同，有时活动后胃口会好一些，有时玩得太累，反而不愿意吃；处于快速生长期的宝宝（出生后至三个月）食量会较多。

所以，理想的喂食方式，是按照宝宝的饥饿反应来喂食，不必坚持宝宝每餐必须吃光同一分量的食物。

识别宝宝的饥饿信号

宝宝天生能分辨饱与饿，因此吃多少应该由宝宝决定。大部分宝宝在15—30分钟内就能吃饱，宝宝会以下列各种行为来告诉你“我饿了”或“我饱了”。

- 宝宝肚子饿的信号
  对食物表示兴趣。
  将头凑近食物和汤匙。
  身体俯向食物。
  太饿时会吵闹、啼哭。
- 宝宝吃饱了的信号
  不再专心进食。
  吃得越来越慢。

避开汤匙。

紧闭着嘴唇。

吐出食物。

推开或扔掉汤匙和食物。

拗起背。

爱心提示：

宝宝吃饱了，但家长仍要他继续进食，会使宝宝觉得进食不是轻松的事，从而对“吃”产生反感，还可能产生其他的进食问题，如在吃奶和吃饭时与家长对抗，或因进食过量而导致超重和肥胖。

相关链接

宝宝3个月了，经常不好好吃奶，吃几分钟就开始咬乳头，这该怎么办呢？

宝宝不好好吃奶，吃几分钟就开始咬乳头，可能是宝宝此时肚子并不是太饿，也可能是想通过咬妈妈的乳头来进行亲子间的情感交流，这是乳儿对母亲情感上的依恋。这时候妈妈可以停止给宝宝喂奶，同时应逗引宝宝玩耍，让他的情绪得到抚慰，以便能吃好下一顿奶。

宝宝3个月了，近来不喜欢吃奶粉，可是母乳又不够，这时妈妈该怎么办呢？

宝宝才3个月，不喜欢吃奶粉，这要看宝宝自出生后是否是纯母乳喂养，如果是，那么可能是宝宝已经适应了母乳的味道以及妈妈的乳头，对奶粉及奶瓶不接受。当母乳不足时，也只能添加奶粉，保证宝宝的能量供应了。妈妈可以尝试连续 3 天每天 3 次，每次喝一杯宝宝的奶粉，第 4 天把母乳挤出来兑上一点准备给宝宝喝的奶粉，一起给宝宝喝。每次喂奶时增加一点奶粉，让宝宝逐渐熟悉奶粉的味道，一直到宝宝接受奶粉喂养。如果宝宝以前是混合喂养只是最近才拒绝奶粉的话，妈妈先不要着急，只要照常母乳与奶粉喂养，或母乳与奶粉混合着喂养，经过一段时间后宝宝又会重新接受奶粉的。

宝宝 4 个月混合喂养后，因为贫血和缺钙，吃了几天医生开的速力菲和乳酸钙颗粒后竟然不吃奶粉了，怎么办?

首先，因为贫血医生给宝宝开了补血和补钙的药物是对的；其次，铁剂和钙剂均会刺激胃肠道，引起不适反应，通常表现为宝宝胃口差、无食欲。要改变这种现象，最好的办法就是在喂完奶半小时后再给宝宝喂食铁剂和钙剂，这样能减少这些药物对胃肠道的刺激。

宝宝 5 个月了，母乳一次最多只能吃 100 毫升，体重长得很慢，这该怎么办?

5 个月的宝宝，母乳一次只吃 100 毫升是不能满足宝宝生长发育需要的。如果妈妈的母乳不足的话，可以添加配方奶，也可以添加米糊、蛋黄等一些糊状食物，提高宝宝对食物的兴趣，补充足够的生长发育所需的能量。

宝宝5个月时开始添加辅食，可最近宝宝不爱吃奶了，但辅食倒是吃得挺好，这样会导致宝宝营养不均衡吗？

随着年龄的增长，宝宝们对流质食物的兴趣会逐渐减少，当妈妈给宝宝添加辅食后，宝宝会对新食物产生好奇，食物口感上的改变也会让一些宝宝喜欢上辅食，这是一种正常现象。可以在一些米糊中加进奶粉或是在奶粉中加进果泥，改变宝宝的口感，同时也可不减少奶量。

宝宝刚断奶，现在吃奶粉和米糊。可过了两天就不怎么要吃了，胃口很差，怎么办？

宝宝刚断奶时，对奶以外的食物觉得新鲜好奇，刚开始会喜欢，但过了1—2天后，发现这些食物并不是自己喜欢的母乳时，就会出现拒食的现象。此时家长千万别放弃，应该坚持天天定时给宝宝喂母乳以外的食物，让宝宝逐渐适应新的食物，即使宝宝当时胃口“很差”也要坚持。一般一周左右，宝宝就会度过断奶的“厌食期”。

宝宝快1岁了，可每次吃饭基本上吃个六七成的量就不吃了，这可怎么办？

1岁的宝宝，开始有按照自己意愿做事的行为特征了，同时该年龄段是以自我为中心的个性特征阶段。他们会表现出对喜欢的食物的偏好，也会表现出对一些食物的抗拒。同时，这么大的宝宝大多数已经会走路，活动范围扩大了，好奇心重。因此在宝宝吃饭的时候，不要让他玩玩具、看电视、边走边吃，这样会影响他的进食行为。宝宝的进食，最好做到每天固定时间，固定座椅，为宝宝营造一个良好的进食环境。

宝宝越大吃得越少，早晨起来口腔还有点气味；不爱喝水，大便少、又黑又臭，这是怎么回事？

随着年龄的增长，宝宝对液体食物的兴趣会逐渐减少，而对半固体或固体食物会更加感兴趣。此时妈妈应该尝试给宝宝添加泥糊状的食物，比如米粉、菜泥、果泥、蛋黄等，然后逐步过渡到吃稀粥、稠粥、软饭。宝宝早晨起来口腔有气味，要注意口腔是否发炎，是否存在消化不良的问题，或口腔内是否存留食物残渣等。如果这些问题都不存在，那么可以每次喝完奶或是进食后适当地给宝宝喝点热水，以达到清洗口腔的目的，减少口腔内的食物残留和细菌的繁殖。平时妈妈可以给宝宝多吃点粗纤维的食物，如南瓜、土豆、玉米等，促进肠蠕动，也可以每天在宝宝空腹时顺时针按摩宝宝的腹部，以利大便的顺利排出。

培养宝宝的饥饿感

平时经常会听到一些家长抱怨，宝宝天生胃口不好，不管是喝奶还是饭菜都不爱吃，每天喂饭，那可真是全家总动员：妈妈哄、奶奶喂、爸爸训、爷爷开电视逗，全家人跟在宝宝身后团团转，真是又急又累又无奈。

一顿饭要花 1—2 个小时不说，偏偏宝宝吃两三口就再也不肯张嘴了。中西医的开胃药吃了一大堆也不见效。

如果问“宝宝平时吃不吃零食？”家长往往会说，宝宝倒也不怎么爱吃零食，有时觉得宝宝正餐吃得太少，就想在饭后喂点饼干、面包、水果，怕饿着宝宝。还有，如果宝宝上一顿吃得不好，有时候会把下一餐的时间提前，怕宝宝饿出低血糖来。

面对这样的情况，我们的建议是帮助宝宝建立稳定的生活节奏，培养宝宝的饥饿感。

饥饿感的培养

饥饿感的培养，最重要的诀窍是定时定点不定量。

夜睡晨起，宝宝适应了昼夜节律更替的生活环境，就能养成有节律的睡眠习惯和生活作息。

同样的，宝宝节律性的饥饿感也是需要培养的。定时定点喂食可使宝宝形成条件反射，到了就餐时间和特定的环境，胃肠开始蠕动，消化液开始分泌，宝宝就会产生饥饿感，心理上也就做好了进餐的准备。

- 开饭时间定时

可使时间成为条件刺激，到饭点就会有饥饿感并产生食欲。

按时定点吃饭，使两餐间隔时间保持 4 小时左右，胃肠道能对食物进行有效地消化、吸收，胃有足够的排空时间，整个消化系统处在有节律的活动状态，既保证了营养的充分消化吸收，又维持了每餐旺盛的食欲。

- 用餐时间定时

正餐 30 分钟内，点心 15 分钟内，时间一到就代表用餐时间结束，饭菜拿走，不能因怕宝宝吃不饱而拖延时间。

- 宝宝进餐的场所固定

宝宝有自己固定的餐椅，环境安静温馨，远离电视、玩具的干扰；避免家人追着赶着喂饭、宝宝玩着跑着吃饭，培养宝宝专心进食的习惯。

让宝宝感受吃饭的愉快

进餐过程中保持情绪轻松愉快很重要，但也不可让宝宝过于兴奋，以防呛咳。

不要大声责备宝宝，避免产生负面情绪。情绪不好会降低食欲和消化能力，时间一长，宝宝形成条件反射，认为进餐就是挨训的时刻，即使家长准备再好的食物也不会吃得有滋味。

宝宝爱模仿，家长要示范在前。许多家长自己就喜欢边看电视边吃饭，这可不是一个好榜样哦。大人进餐时宜安静，样样菜都吃，坚决不说“这个我不爱吃”“那个我讨厌吃”。宝宝会在潜移默化中接受成人的一举一动。

宝宝的特点就是喜欢赞扬，家长要多多鼓励，引导宝宝自己进餐。当宝宝学会自己进餐或尝试新的食物时要及时肯定，让宝宝知道这样做是对的，从而愿意坚持。适当引入“竞争”，让宝宝“胜出”，宝宝获得成就感，就能提高进食的兴趣，促进食欲。

尊重宝宝的胃容量

每个宝宝的胃容量有很大的个体差异，而家长往往把自己盛好的那一小碗饭作为这一餐的目标。要知道这仅仅是家长的意愿而不是宝宝的饭量。我们要相信没有任何一个宝宝愿意饿着自己，说到底这是一种生物的本能。

同时这里强调的是，如果宝宝吃到一半说饱了，家长却千方百计要给宝宝再塞几口，这时常常出现的情况是：宝宝就是因为最后的几口而发生呕吐。

由于宝宝的胃及其周围组织还未完全成熟，这种情况频繁发生，不仅容易使宝宝发生食管炎、胃炎等疾病，而且很容易让他在心理上对进食产生焦虑甚至恐慌，从而引发真正的厌食。

家长要充分放松心态

家长总是担心自己的宝宝吃得少，会影响生长发育，要求宝宝每顿饭都要吃多、吃好，偶尔一两次进餐不如意，就焦虑担忧，餐后尽力“弥补”，这容易使宝宝养成正餐时不好好吃饭，饭后小点心、零食不断的坏习惯。

我们每位家长都有这样的体会：一个人的胃口不是一成不变的，随着季节、天气、活动量、心情或其他生理性的变化，会出现波动。宝宝也一样，一两顿吃不饱不要紧，不能因为这顿没吃好，就无原则“加餐”，让宝宝养成走到哪儿吃到哪儿、时时都在吃又时时都吃不好的进食习惯。

宝宝能吃零食吗

生活中，经常听到家长们互相探讨，宝宝能吃零食吗？很多人担心宝宝吃了零食后，就不愿意好好吃饭了。

6 个月以内的婴儿，的确不能吃零食，因为他们不会咀嚼，吃固体食物容易发生哽噎。但从 7 个月开始，宝宝就可以吃点零食了，适当地吃些零食对宝宝来说是有益的。

技能培养

零食对宝宝的成长和学习起着重要的调节作用。因为正餐是大人喂给他吃的，而零食可以让宝宝自己拿着吃，这对宝宝学习独立进食是个很好的训练机会。

心理需求

零食可以满足宝宝的口欲。因为这个时期的宝宝正处于成长的口唇期，喜欢将任何东西都放入口中，以满足心理需要。吃零食提供了这种机会，也避免了宝宝把不卫生或危险的物品放入口中。

断奶准备

适当地吃点零食还能为断奶做准备。

但宝宝的消化能力有限、胃口也小，所以吃零食一定要适量，可在两顿正餐间给予少量食物，但不能不停地给，这容易引发龋齿，而且也会影响宝宝做游戏和学说话，久而久之会影响宝宝的语言和社交能力。

如何给宝宝做抚触

给宝宝做抚触，既能促进他的神经系统发育，促进生长及智能发育，又可以增强他与父母的交流，帮助他获得安全感，发展对父母的信任感。

0—3 个月宝宝的抚触

怎么给 0—3 个月的宝宝做抚触呢？爸爸妈妈们只要记住以下口诀，就能轻松操作。

• 小脸蛋，真可爱，妈妈摸摸更好看

让宝宝平躺。成人的双手拇指放在宝宝前额眉间上方，用指腹从额头轻柔向外平推至太阳穴。拇指从宝宝下巴处沿着脸的轮廓往外推压，至耳垂处停止。

- 小耳朵，拉一拉，妈妈说话宝宝乐

让宝宝平躺。成人用拇指和食指轻轻按压宝宝耳朵，从最上面按到耳垂处，反复向下轻轻拉扯，然后再不断揉捏。

- 妈妈搓搓小手臂，宝宝长大有力气

让宝宝平躺。成人轻轻挤捏宝宝的手臂，从上臂到手腕，反复3—4次。

- 伸伸小胳膊，宝宝灵巧又活泼

让宝宝平躺。成人把宝宝两臂左右分开，掌心向上。

- 动一动，握一握，宝宝小手真灵活

让宝宝平躺。成人用手指划小圈按摩宝宝的手腕。用拇指抚摸宝宝的手掌，使他的小手张开。让宝宝抓住成人的拇指，成人用其他四根手指按摩宝宝的手背。一只手托住宝宝的手，另一只手的拇指和食指轻轻捏住宝宝的手指，从小指开始依次转动、拉伸每个手指。

- 小肚皮，软绵绵，宝宝笑得甜又甜

让宝宝平躺。成人放平手掌，围绕宝宝肚脐顺时针方向画圆按摩宝宝的腹部。注意动作要特别轻柔，不能离肚脐太近。

- 妈妈给你拍拍背，宝宝背直不怕累

让宝宝趴卧。成人双手大拇指平放在宝宝脊椎两侧，其他手指并在一起扶住宝宝身体，拇指指腹分别由宝宝背部中央向两侧轻轻抚摸，从肩部移至尾椎，反复3—4次。成人五指并拢，掌根到手指成为一个整体，横放在宝宝背部，手背稍微拱起，力度均匀地从宝宝脖颈抚摸至臂部，双手交替，反复3—4次。

- 摸摸胸口，真勇敢，宝宝长大最能干

让宝宝平躺。成人双手放在宝宝的两侧肋缘，先是右手向上滑向宝宝右肩，复原。换左手上滑到宝宝左肩，复原。重复3—4次。

• 宝宝会跑又会跳，爸爸妈妈乐陶陶

让宝宝平躺。成人用拇指、食指和中指，轻轻揉捏宝宝大腿的肌肉，从膝盖处一直按摩到尾椎下端。成人用一只手握住宝宝的脚后跟，另一只手的拇指朝外，握住宝宝的小腿，沿膝盖向下捏压、滑动至脚踝。

• 妈妈给你揉揉脚，宝宝健康身体好

让宝宝平躺。成人一只手托住宝宝的脚后跟，另一只手四指聚拢在宝宝的脚背，用大拇指指肚轻揉脚底，从脚尖抚摸到脚跟，反复3—4次。

爱心提示：

抚触者在抚触过程中要面带微笑，向宝宝传达自己的爱意才能起到最好的效果。并且抚触还要做到每天坚持十五分钟，如果“三天打鱼，两天晒网”，作用就不大了。

如何给宝宝做被动操

婴儿被动体操是宝宝体格锻炼的重要方式，能促进宝宝基本动作的发展。通过婴儿被动体操可以增强宝宝骨骼与肌肉的发育，促进新陈代谢；安定情绪，改善睡眠；增进亲子感情，促进智力发育；增强免疫力，预防疾病。

3—6个月宝宝的被动操

那么怎么给宝宝做被动操呢？很简单，一点也不难。

• 扩胸运动

预备姿势：宝宝平躺，成人用两手握住宝宝的腕部，让宝宝握住成人大拇指，两臂放于身体两侧。

动作：第 1 拍带动宝宝两手向外平展与身体成 90 度，掌心向上；第 2 拍带动宝宝两臂向胸前交叉，重复两个 8 拍。

注意：两臂平展时可帮助宝宝稍用力，两臂向胸前交叉动作应轻柔些。

- 伸屈肘关节运动

预备姿势：宝宝平躺，成人用两手握住宝宝的腕部，让宝宝握住成人的大拇指，两臂放于身体两侧。

动作：第 1 拍带动宝宝左臂肘关节前屈；第 2 拍将左臂肘关节伸直还原；第 3、4 拍换右手屈伸肘关节，重复两个 8 拍。

注意：屈肘关节时手触宝宝肩，伸直时不要用力。

- 肩关节运动

预备姿势：宝宝平躺，成人用两手握住宝宝的腕部，让宝宝握住成人的大拇指，两臂放于身体两侧。

动作：第 1、2 拍带动宝宝左臂弯曲贴近身体，以肩关节为中心，由内向外作回环动作，第 4 拍还原；第 5—8 拍换右手，动作相同，重复两个 8 拍。

注意：动作必须轻柔，切不可用力拉宝宝两臂勉强做动作，以免损伤关节及韧带。

- 伸展上肢运动

预备姿势：宝宝平躺，成人用两手握住宝宝的腕部，让宝宝握住成人的大拇指，两臂放于身体两侧。

动作：第 1 拍带动宝宝两臂向外平展，掌心向上；第 2 拍两臂向胸前交叉；第 3 拍两臂上举过头，掌心向上；第 4 拍动作还原，重复共两个 8 拍。

注意：两臂上举时两臂与肩同宽，动作轻柔。

- 下肢屈伸运动

预备姿势：宝宝平躺，两腿伸直，成人用两手握宝宝的脚腕（踝部），但不要握得太紧。

动作：把宝宝的两腿同时屈至腹部，再还原。重复两个 8 拍。

注意：宝宝的腿屈至腹部时，成人要稍用力；伸直时不要太用力。

- 两腿轮流屈伸运动

预备姿势：宝宝平躺，成人用两手分别握住宝宝的两个膝关节的下部。

动作：第 1 拍屈宝宝的左膝关节，使左膝靠近腹部，第 2 拍伸直左腿；第 3、4 拍屈伸右膝关节，左右轮流，模仿蹬车动作，重复两个 8 拍。

注意：屈膝时可稍用力，伸直时动作柔和。

- 下肢伸直上举运动

预备姿势：宝宝平躺，下肢伸直平放，成人两手掌心向下，握住宝宝两膝关节。

动作：第 1、2 拍将宝宝的两下肢伸直上举成 90 度；第 3、4 拍还原，重复两个 8 拍。

注意：两下肢伸直上举时，宝宝臀部不离地，动作要轻缓。

- 股关节运动

预备姿势：宝宝平躺，两腿伸直，成人用两手握住宝宝的脚腕（踝部），但不要握得太紧。

动作：把宝宝左侧的大腿与小腿屈缩成直角；再把宝宝左腿屈缩至腰部；然后把宝宝左腿向身体左侧转动；最后还原。两腿轮换做，重复两个 8 拍。

如何给宝宝做主动操

与被动操不同，婴儿主动操是一种在家长帮助下（适当扶持）的身体运动方法，适用于6—12个月的宝宝。每天坚持做婴儿主动操可以使宝宝的动作更灵敏，肌肉更发达，提高宝宝对自然环境的适应能力。做操时伴有音乐，可促进宝宝左右脑平衡发展，从而促进宝宝的智力发育。

6—12个月宝宝的主动操

怎么给宝宝做被动操呢？跟着我们一起来吧。

- 准备活动

先让宝宝自然放松仰卧，妈妈握住宝宝的两手手腕。

第一个4拍：成人从宝宝手腕向上按摩4下至肩。

第二个4拍：成人从宝宝足踝按摩4下至大腿部。

第三个4拍：成人自宝宝胸部按摩至腹部（成人的手呈环形，由里向外，由上向下）。

第四个4拍同第三个4拍。

- 起坐运动

成人将宝宝双臂拉向胸前，双手距离与肩同宽。

成人轻轻拉引宝宝使其背部离开床面，拉时不要过猛。

让宝宝自己用劲坐起来。

- 起立运动

让宝宝俯卧，成人双手握住其肘部帮助其跪坐。

让宝宝先跪坐着，再扶宝宝站起。

再让宝宝由跪坐至俯卧。

- 提腿运动

宝宝俯卧，成人双手握住其双腿。

成人将宝宝两腿向上抬起成推车状。

随月龄增大，可让宝宝双手支撑起头部。

- 弯腰运动

宝宝背朝成人直立。成人左手扶住宝宝两膝，右手扶住宝宝腹部。

在宝宝前方放一个玩具，让宝宝弯腰前倾。

鼓励宝宝捡起玩具。

宝宝恢复原样成直立状态。重复2次。

- 托腰运动

宝宝仰卧，成人右手托住宝宝腰部，左手按住宝宝踝部。

托起宝宝腰部，使其腹部挺起成桥形。

- 游泳运动

让宝宝俯卧，成人双手托住宝宝胸腹部。

让宝宝悬空向前后摆动，活动四肢，做游泳动作。

- 跳跃运动

宝宝与成人面对面，成人用双手扶住宝宝腋下。

把宝宝托起离开床面轻轻跳跃。

- 扶走运动

宝宝站立，成人站在宝宝背后，扶住宝宝腋下、前臂或手腕。

扶宝宝学走。

爱心提示：

爸爸妈妈动作要轻柔、有节律，避免过度的牵拉和负重动作，以免损伤宝宝的骨骼、肌肉和韧带。不要在宝宝疲劳、饥饿或刚吃完奶时做操。运动量要逐渐增加，每个操节动作由2—4次慢慢增加到4—8次，等宝宝习惯强度以后再增加次数。

如何给宝宝做竹竿操

一岁多的宝宝刚开始学走路，但还走不稳，不能独立做操，可借助竹竿支持，由父母协助做操，这样既灵活又有趣，也比较安全。

竹竿操能够有效地锻炼宝宝的抓握和平衡能力，并训练他们学习走路。当然，一旦宝宝能够稳稳当当地走路，就不必再借助竹竿了。

1 岁宝宝的竹竿操

怎么给宝宝做竹竿操呢？我们要先做一些准备工作，准备两根竹竿（长 2 米左右，直径 2—3 厘米，可用色彩鲜艳的塑料带或彩纸条缠在竹竿上加以装饰，也可在竹竿上涂各色油漆），两把小椅子。

父母分别坐在竹竿两端的小椅子上，两手各持两根竹竿的一端；宝宝站在两根竹竿间，与竹竿保持一定的距离，两腿分开与肩同宽，双手分别握住竹竿，手心朝下。爸爸妈妈可以通过竹竿的移动，来带动宝宝的手臂和腿部的运动。

- 双臂摆动

第 1 拍让宝宝的左臂向前，右臂向后；第 2 拍动作相反。做操时宝宝两腿原地不动，左右臂随竹竿向前后轮流摆动，重复两个 8 拍。

- 上肢运动

第 1 拍让宝宝的两臂侧平举；第 2 拍两臂上举；第三拍两臂侧平举；第 4 拍还原。重复两个 8 拍。

- 下蹲运动

第 1 拍让宝宝两手握竿侧平举；第 2 拍轻轻下降竹竿，让宝宝扶着竹竿做全蹲动作；第 3、4 拍让宝宝站起还原。重复两个 8 拍。

- 前走后退

第1—3拍让宝宝向前走3步；第4拍两腿并拢。第5—7拍让宝宝后退3步（后退时要慢一些）；第8拍两腿并拢。重复两个8拍。

- 划船运动

预备动作：两根竹竿并拢，宝宝站在一侧，双手握竹竿，身体微前倾。第1、2拍让宝宝身体向前，第3、4拍让宝宝向后，做划船动作。重复两个8拍。

- 跳跃运动

第1、2拍宝宝两手握竿，两脚离地跳跃2次，父母把竹竿抬起放下；第3、4拍原地休息不跳。重复两个8拍。

爱心提示：

爸爸妈妈的动作要轻柔，使宝宝顺势做一些动作，切忌提拎或强扭宝宝。开始时可选做动作相对简单的操节，待宝宝熟悉后再逐渐增加其他操节。应选择平坦但不坚硬且能充分活动的场地做操。

如何让宝宝一夜安睡

宝宝睡眠问题是家长们最头痛的问题之一，通常来说，宝宝的睡眠问题大致可以分为以下几类。

入睡难，落地醒。

入睡后翻滚。

多汗。

磨牙。

尿床。

夜醒与夜哭。

夜惊与梦游。

据统计，大约有 30% 的儿童都会在低龄阶段出现上述睡眠问题，事实上近九成儿童的睡眠障碍在 3 岁以后都能逐渐好转，上述睡眠问题很多情况下只是儿童在发育过程中的一过性表现，其主要原因还是儿童的“睡眠规律化”未有效形成。

宝宝的“睡眠规律化”包括以下内容。

- 宝宝学会在就寝时间独自入睡（自我平静）。
- 宝宝学会在夜间醒来后重新再次入睡。

自我平静是宝宝成长中逐步学习获得的技能，所以在低龄阶段，我们很容易看到儿童入睡困难、夜醒等情况出现，今天我们就针对上述问题提出一些解决方法。

入睡困难、落地醒

入睡困难是婴幼儿期常见的睡眠问题。入睡困难的宝宝常常同时伴有夜醒问题，如果不及时纠正，往往会导致后期更多的睡眠障碍。引起宝宝入睡困难的原因多种多样，在不同的年龄段可能表现不一样：家长没有创造一个安静舒适的睡眠环境；宝宝没有养成良好的睡眠习惯；宝宝精力充沛无处发泄；与睡前看电视或听故事有关；宝宝有害怕恐惧心理；宝宝天生属于难养型的气质类型等。

面对这样的睡眠问题，我们的建议如下。

- 寻找引发睡眠问题的原因。

• 固定宝宝的就寝时间。到了常规就寝时间，父母要十分坚决地让宝宝上床，即使是在休息日和假期也不要随意更改作息时间，并可采取一些奖励措施来强化宝宝的良好行为。

• 帮助宝宝建立完善一个固定的就寝过程，固定床位，创造一个舒适的睡眠环境。

• 宝宝需要睡前的适度活动，但在睡前 1—2 小时内应避免剧烈的活动。

• 在宝宝醒着的状态下，把宝宝单独放在小床上，不要让宝宝在父母在场的时候睡着；宝宝入睡时，应尽量放弃所有不良的助睡方法（抱睡、摇睡、奶睡等）。

• 抚触，抚触会减少宝宝的生理性夜醒，缓解家长的焦虑紧张情绪，增强亲子关系。

入睡后翻滚

绝大多数情况下，宝宝睡后翻滚是正常现象，要避免的是家长的不良应答，即过于积极地回应宝宝的翻滚，反而导致宝宝觉醒，从睡眠中的翻滚变成夜醒。因此家长对于宝宝的翻滚不必回应。

家长需要做的只是以下几点。

• 检查宝宝的睡床是否有不舒服的地方。

• 白天不要让宝宝过度兴奋，否则晚上睡觉后宝宝的大脑不能完全平静。

• 不要让宝宝临睡前吃得过饱，否则睡后宝宝容易肚子胀满、难受。

• 带宝宝去检查是否有肠道寄生虫。

多汗

宝宝新陈代谢旺盛，产热量大，体内含水多，皮肤薄，皮肤内血管丰富，容易出汗，而且神经系统发育不完善，入睡后交感神经会出现一时的兴奋，导致多汗。

面对这样的情况，我们的建议是：如果宝宝仅是出汗较多，就不必担心；如果除多汗外，宝宝还伴有睡眠不安、惊跳、枕部脱发等症状，就有缺钙的可能，应及时就医。

磨牙

磨牙的原因有多种：宝宝吃得太饱，消化道负担过重引发的咬合；换牙期的宝宝，正在建立正常咬合；由精神因素或牙齿错合引起的磨牙，这种磨牙对宝宝牙齿组织的损伤比较严重。

做到以下几点，可以大大改善宝宝睡后磨牙的情况。

- 避免宝宝睡前吃得过饱。
- 带宝宝就医，调节不合适的牙齿咬合。
- 缓和宝宝焦虑、压抑的情绪。

必要时可以让宝宝戴一个磨牙矫正器，睡眠时戴在上牙弓上，可以控制下颌的运动，制止磨牙的动作。

尿床

通常的尿床是由发育滞后引起的，随着神经系统发育成熟，尿床的现象就会自然消失；但也有研究指出，10%的 6 岁儿童和 5%的 10 岁儿童夜晚有尿床问题。

对于宝宝的尿床情况，我们的建议如下。

• 小年龄宝宝，可不干预，减少睡前饮水，确实因尿频影响睡眠，可提前唤醒排尿。

• 大于 5—6 岁的宝宝，要明确遗尿的原因，如有隐脊裂等生理性疾病，应进行相关治疗。

• 较大的宝宝突然出现尿床，需排除尿道感染。

• 另外，焦虑情绪也会引起尿床，所以要让宝宝睡前有良好的情绪。

夜醒与夜哭

夜醒在小年龄宝宝身上比较常见，这是他们中枢神经系统还未发育完善的缘故，随宝宝年龄的增长，一般能很快建立正常的睡眠。宝宝在 2—3 岁后，晚上觉醒次数会明显减少。当然，宝宝反复出现夜醒会导致睡眠呈"碎片化"，对他的生长发育不利。

面对这样的睡眠问题，我们的建议如下。

• 寻找原因，消除不良因素，如环境不舒适、生理性疾病等。

• 如果排除了其他所有原因，那就说明宝宝很正常。不用立即安抚宝宝，给宝宝一个自己安静下来的机会。

• 部分宝宝夜醒后再次入睡会有困难，可适当给予抚触。

• 对于夜间需要喂奶、喝水、小便的宝宝，可采取提前唤醒法。在其自然觉醒之前 15—20 分钟将其唤醒，因宝宝是带着困意醒来的，不久就又会酣然入睡。

• 对极个别睡眠少而父母又有焦虑症状的宝宝，或一些脑损伤患儿，可短期使用弱安定剂。

爱心提示：

宝宝夜哭时，父母不要为了让宝宝安静下来，就不断喂奶，激烈地摇晃，推着童车到处跑，不断变换玩具等，这些只会给宝宝带来更多的刺激。可以尝试用抚摸、温柔的摇动和轻声细语帮助宝宝安静下来，或者让宝宝处于一种舒适的体位，比如趴在妈妈肚子上等。

夜惊与梦游

夜惊是指宝宝在睡眠中突然坐起，哭喊、尖叫、直视或闭眼、手足乱动，多见于4—12岁的宝宝。梦游是指宝宝突然从沉睡中进入半醒状态，完成一系列复杂动作，一般发生在儿童入睡后的3小时之内，多见于4—8岁的宝宝。

极度疲劳和睡眠过少都会引起夜惊，通常不需要把宝宝叫醒，这样做只能加剧他的惊恐，应当温和地把他引回睡眠姿势，早上醒来后可以没有记忆。

如果宝宝梦游，最重要的是防止宝宝受伤，把宝宝直接引到床上躺下即可。大多数梦游的宝宝没有情绪问题，如果他记不起夜里的经历，就不要再问他。

宝宝便秘怎么办

宝宝便秘可不是什么好事，宝宝难受不说，还有很多负面影响。

便秘的负面影响

- 影响食欲：如果无法保证按时排便，食物残渣就会留存在体内，引起胃肠蠕动减慢。宝宝会觉得腹内胀气，这样一来自然就吃不下东西了。

• 毒素吸收：停留在肠道内的蛋白质会产生一定的废物、毒素，因此食物残渣在体内停留的时间越长，被结肠吸收的毒素也就越多。临床发现，2—6 岁长期便秘的宝宝，精力不集中，缺乏耐性，贪睡，喜哭，对外界变化反应迟钝，不爱说话，不爱交朋友，这可能与毒素对神经系统的损害有关。

• 造成肛裂：结肠的主要功能之一是将食物残渣内的水分回收，所以食物残渣一旦在此处长时间停留，就会因为失去水分而逐渐变硬。当变硬的粪块强行被排出时会将肛门撑破，形成肛裂，而疼痛感会让宝宝对排便充满恐惧，下意识地拒绝排便，这又会进一步加重便秘，很多成人就是这样久而久之造成痔疮的。

• 口内异味：中医认为便秘的原因分为胃肠燥热、气机郁滞、气血两亏、阴寒凝滞等四种情况，其中有一种情况的便秘除了表现为大便干燥硬结之外，常伴有身热面红、小便短赤、舌苔黄燥、口臭唇疮，这就是热结之症，这时胃肠积热、耗伤津液，内热熏蒸、上攻就会导致口内异味。

• 营养不良：便秘会影响宝宝的食欲，同时还会妨碍营养物质被消化道吸收，以致造成营养不良；另外，大肠本身拥有正常菌群，是人体内生合成 B 族维生素和维生素 K 的保障，人体一旦长期便秘，肠道内的益生菌过少，就可能会出现维生素缺乏等一系列不适症状。

• 罹患贫血：如果宝宝因为便秘而造成肛裂，每次排便就会出现少量出血，时间长了会影响到宝宝的血色素。加上因便秘导致的食欲减退，更易加重贫血的状况。如果宝宝面色苍白，生长缓慢，或出现反复上呼吸道感染，一定别忘记观察宝宝的排便情况，最好化验一下血常规。

• 反复生病：中医说“肺与大肠相表里”，因此大便秘结的宝宝“肺火”也比较大。“肺的功能是主气，司呼吸，朝百脉”，因此便秘宝宝的呼吸道很容易反复感染，上呼吸道感染、气管炎乃至肺炎就会找上门；另一方面便秘还会影响人体免疫力，这样就更增加了宝宝呼吸道感染病毒和细菌的概率。

宝宝便秘的原因

便秘在宝宝中是一种常见病，原因很多，概括起来可分为两大类：功能性便秘和器质性便秘。后者是由生理性疾病引起的，如小儿先天性巨结肠等消化道畸形，这需要外科手术治疗。而绝大多数宝宝的便秘是功能性的，诱发因素常为进食量少，膳食搭配不合理，生活习惯不规律等，这是可以通过调理进行纠正的。

宝宝便秘后怎么办

腹部按摩：成人四指并拢或用手掌根，在宝宝的肚脐周围按顺时针方向按摩 50—100 下，力度适中，太过轻柔起不到促进肠道蠕动助排便的作用。

肛门刺激法：用肥皂条或萝卜条，削成如铅笔粗细，头部蘸水后伸入宝宝肛门，刺激排便。

开塞露通便：直接使用开塞露灌肠通便。

但后两个方法均不宜经常使用，否则会让宝宝形成依赖，养成不愿主动排便的习惯。

如何预防宝宝便秘

宝宝出生后 2—3 个月起，就可训练宝宝定时排便，可选择清晨或进餐后，家长把便的同时，发出“嗯、嗯……”用力排便的声音，每次训练维持 5—10 分钟。

注意宝宝膳食的合理搭配，纯蛋白质或高蛋白质饮食易引起便秘，注意碳水化合物、脂肪与蛋白质之间的合理搭配，注意水果、蔬菜等高纤维食物的摄入和水分的补充。

让宝宝保持适当的体育锻炼，能增强肠道的蠕动。此外还要注意，防止营养不良或佝偻病引起的肠管功能失调或腹肌麻痹等。

相关链接

宝宝便秘可以用哪些药？

润滑性泻药：最常使用的药物是开塞露液体和甘油栓剂，最有效但只能应急。

容积性泻药：此类药主要是含低聚糖或纤维素类的泻药，最常使用的药物是杜秘克口服液。一般服后12—24小时有效。

可使用益生菌制剂，但效果并不十分肯定，一般不用于便秘的应急治疗。

另外还有刺激性泻药、软化性泻药、高渗性泻药及胃肠动力药，因其安全性，很少用于儿童。

宝宝便秘可以喝酸奶来缓解吗？

酸奶中的益生菌能对肠道功能进行双向调剂，即腹泻和便秘时服用，都有一定的效果，但要靠其完全缓解便秘是不够的，肠道菌群的失调只是便秘的一种原因或结果。不同种类的益生菌在不同种族、地域或个人体内其效果也不尽相同。另外，酸奶中的益生菌在头3天里活力最大，而从生产、包装、销售直至到客户手中，往往不止3天的时间。

通常妈妈们为了缓解宝宝上火，会在奶粉中加入一些清火的奶伴侣，请问这样真的有效果吗？奶伴侣的加入会不会影响配方奶的成分，对宝宝健康是否有影响？

许多奶伴侣中含有一些益生元（如双歧因子）或清火的物质（如金银花、莲子芯、小麦芽等），其效果临床并没有完全一致的结论。益生元类物质与奶粉没有相应的配伍禁忌，有一些品牌已经在配方奶中直接添加益生元，国内外也曾经进行过这方面的研究。而传统的清火食物，与配方奶是否有禁忌，这可能要结合一些中医理论作进一步的研究，目前，我们不建议和配方奶同时服用。

老人说，宝宝便秘只要在肛门里塞肥皂头就可以促便，请问这样可以吗？

这是通过肛门的刺激，促进肠道特别是直肠的蠕动，对排便的确有帮助，但不建议经常这样做，因为这只能解决一时的问题。一直这样做会让宝宝形成依赖，无法培养宝宝自己主动排便的意识。

有的妈妈建议给便秘宝宝喝蜂蜜水，请问可以吗？

这要看宝宝的年龄，1 岁以内的宝宝不建议接触蜂蜜，因为此时的宝宝体内缺乏应对蜂蜜中可能含有的肉毒杆菌的抗体。

儿童腹泻，警惕这些药物

儿童腹泻，是一个由多种因素、多种病原引起的综合征。在我国，几乎每个孩子腹泻的年发病次数为2—3次，尤其是6个月到2岁，是腹泻多发的时间段。腹泻是导致宝宝营养不良、生长发育障碍和死亡的重要原因，也是儿童最常见的疾病之一。

腹泻的临床表现

- 胃肠道症状（呕吐、腹泻、腹痛、里急后重）。
- 全身症状（发热，精神萎靡，食欲差）。
- 脱水、电解质紊乱、酸中毒。

腹泻的病因

- 非感染性因素

宝宝的消化系统发育不成熟。

宝宝的机体防御功能较差，气候变化容易导致腹部受凉致肠蠕动增加。

天气过热，宝宝的消化液分泌减少，因口渴又吃奶过多。

宝宝对牛奶或大豆类制品等食物过敏。

- 感染性因素

肠道内感染：轮状病毒、致病性大肠杆菌、白色念珠菌、蓝氏贾弟鞭毛虫、阿米巴原虫和隐孢子虫等，是婴幼儿肠道内感染常见的“罪魁祸首”。

肠道外感染：上呼吸道感染、肺炎、中耳炎、肾盂肾炎、皮肤感染或急性传染病时都有可能伴有腹泻症状。

此外，肠道菌群紊乱也有可能引起腹泻。这是由于长期、大量使用广谱抗生素引起的肠道菌群失调，容易导致药物较难控制的肠炎，也被称为抗生素相关性腹泻。

腹泻的用药和治疗

- 预防和治疗脱水

我们的传统配方是口服补液盐。很多家长看到宝宝腹泻就着急要输液，其实小儿腹泻最怕脱水，只要能及时补充宝宝体内的水分，很多情况下是不需要输液的。在购买补液盐之后，按说明比例冲调后给宝宝服用，可以预防和治疗因腹泻所产生的轻度脱水症状。

婴幼儿使用口服补液盐时，应少量多次给予。早产儿，有呕吐、腹胀、心肾功能不全的宝宝不能使用。

- 改善肠道生态环境

对于宝宝腹泻，可以适当补充有益菌群，抑制有害菌群过度繁殖，调整体内的微生态平衡。使用乳酸杆菌、芽孢杆菌等生态制剂可使胃肠道产生多种有机酸和消化酶，帮助宝宝吸收食物，增强食欲，并增加肠胃蠕动，促进消化。

- 肠黏膜保护

天然蒙脱石微粒粉剂，对消化道内的病毒、病菌及其产生的毒素、气体等有极强的固定、抑制作用，使其失去致病作用；此外对消化道黏膜还具有很强的覆盖保护能力，能修复、提高黏膜屏障对攻击因子的防御功能，具有平衡正常菌群和局部止痛的作用。

通常情况下，1 包蒙脱石用 50 毫升水溶解。服用蒙脱石药剂应注意：腹泻时饭前服用，有食道炎的饭后服用，与其他药物间隔 1 小时服用。治疗急性腹泻时，应注意纠正脱水。如出现便秘，可减少剂量继续服用。

- 抗生素的使用

宝宝腹泻多数系病毒感染和消化不良所致（占 80% 以上），细菌感染导致的腹泻只占少数，病毒性肠炎不需要使用抗生素。

微生物活菌制剂与抗生素两者联用时，两者之间需要间隔 2 小时。抗生素在杀灭肠道致病菌的同时，也杀灭了活的有益菌，两者同时服用反而会降低疗效。

- 补锌治疗

很多时候，我们在治疗宝宝腹泻的同时忽略了他们的补锌治疗。缺锌将直接造成儿童免疫力低下，影响宝宝的生长发育，导致身材矮小或智力发育不良等严重后果。世界卫生组织（WHO）已向全球推荐：6 个月以上的急性或慢性腹泻患儿，每天应补充元素锌 20 毫克；小于 6 个月的患儿，每天补充元素锌 10 毫克，共 10—14 天。

腹泻患儿的饮食

- 母乳喂养的患儿，继续喂养母乳、暂停辅食。
- 人工喂养的患儿，给予经适当稀释的配方奶或辅以其他代乳品如米粥、面条、豆制品等，年长患儿应进食易消化食物、少量多餐。
- 呕吐频繁的患儿，暂禁食 4—6 小时。
- 乳糖不耐受的患儿，宜喂养不含乳糖的配方奶。
- 牛奶过敏的患儿，宜根据病情给予氨基酸奶粉或水解配方奶粉。

爱心提示：

在最后，我们觉得有必要列出一些不适宜腹泻儿童使用的药物：沙星类药物、四环素、复方地芬诺酯、洛哌丁胺等，这些药物部分对儿童副反应明显，部分药物对儿童毒副作用尚不明确，因而不推荐儿童使用。

宝宝夏季防晒攻略

阳光可以帮助宝宝身体合成维生素D，这对促进宝宝的骨骼发育影响很大，有助于预防佝偻病、提高免疫力。经常在户外玩耍的宝宝，心情会更为愉悦，精力也更加旺盛，感觉统合能力和社交能力也会更高。但阳光的过度“热情”，也会给宝宝的皮肤带来伤害。因此，夏季带宝宝出门最好采取一定的防护措施。

防晒窍门

- 遮阳帽：一顶小帽子就可以轻轻松松地避开阳光对宝宝面部的侵害。不过这顶小帽子最好是布质的，帽檐要宽大（帽檐大于7厘米），颜色越深越好，因为它可以折射阳光中的紫外线。对于那种可以遮住整个面部的塑料太阳帽，我们并不推荐，它不但透光性差，还由于材质密度不均，容易导致视物变形，从而影响宝宝的视觉发育。

- 外出时间：盛夏尽量避免在上午十点到下午四点之间带宝宝出门，因为这时候紫外线是最强烈的，很容易灼伤宝宝的皮肤，而且还容易使宝宝中暑。

- 太阳镜：紫外线对眼睛的危害只有到了年长之后才会显现出来，比如白内障。为宝宝挑选一副儿童专用太阳镜能起到预防作用。但需要注意的是6岁以下的宝宝不能长时间佩戴太阳镜，而且应在阳光变弱时及时取下。妈妈在为宝宝选择太阳镜时，必须确保镜片上涂有专门阻挡紫外线的特殊化合物涂层，而镜片颜色的深浅和抗紫外线的性能没有任何关系，成人的太阳镜不宜给宝宝使用。

- 遮阳伞：遮阳伞几乎是夏日宝宝出门必备的防晒用品之一，但不意味着要将宝宝完全隐藏于伞下，偶尔露出一个肩膀或一只小脚丫，其实并不会对宝宝造成多大伤害。过分的呵护只会让宝宝逐渐失去自己的抵抗力。

- 防晒衣物：只要能防止阳光不会直接照射到宝宝皮肤上，其实任何衣服都可以。妈妈在给宝宝挑选出门衣物时，首要考虑的是衣服的材质、大小、穿脱是否方便，无须过分依赖其颜色是否有利于抵抗紫外线。如果全家准备去烤肉野餐，那就不妨为宝宝准备一套轻薄透气的长衣长裤；如果是去海边嬉戏，那就干脆套上一件爸爸的大 T 恤，脏了湿了都不怕。当然，在颜色的选择上，除去宝宝自己的喜好，橙色、粉紫色、藏青色相比于其他颜色抵御紫外线的作用更强。

- 防晒霜：一般 6 个月以下的小婴儿，因为皮肤特别娇嫩，我们不建议使用防晒霜。对于 6 个月到 2 岁的宝宝来说，首选物理防晒的方式；但是，如果特别需要（比如去海边或高原等紫外线强度较高的地区），可以考虑挑选防晒产品。对于 2 岁以上的宝宝，因为户外活动的机会增多，停留在户外的时间也相对较长，可以考虑适当使用防晒产品，防止被晒伤。

相关链接

宝宝的防晒霜使用建议如下（部分参考美国儿科学会建议）。

· 选择广谱防晒霜，这意味着它对 UVA 和 UVB 都有防护作用。

· 防晒指数（SPF 值）至少达到 15，SPF15—30 对绝大多数人来说，都是相对安全的。

· 选择纯物理防晒成分如氧化锌（zincoxide）或二氧化钛（titanium dioxide），这对宝宝的皮肤或眼睛刺激更小。

· 尽量避开成分中含有氧苯酮（oxybenzone）的防晒霜，因为它具有高致敏性。

· 尽量选择乳霜或乳液质地的，因喷雾型防晒霜可能会导致宝宝吸入，也可能会喷到宝宝眼睛里。如果只有喷雾型防晒霜，可以先喷到家长手心里，再抹到宝宝身上。

· 使用前，可以先在宝宝耳后皮肤涂抹一点，观察 48 小时，看看是否会引起过敏。

· 防晒霜应该涂抹在宝宝所有裸露的皮肤部位，特别是脸部、鼻子、耳朵、小脚丫、双手，甚至是后背。

· 防晒霜一定要按照产品建议的用量涂抹，并且涂抹均匀。

· 出门前 15—30 分钟涂抹，在户外每隔 2—3 小时就要重复涂抹一次。

· 游泳、大汗淋漓后需要擦干身体，立即补涂。

· 如果宝宝皮肤表面有损伤、破溃或渗出等情况，就不要使用防晒霜。

· 回到家后，尽快帮宝宝洗掉皮肤表面的防晒用品，避免其长时间停留刺激皮肤。清洗时使用无刺激性的儿童沐浴液。洗完后，适当使用温和补水的润肤露。

晒伤处理

晒伤是由于长时间受到太阳紫外线的过度照射而使皮肤变红、发热、并产生疼痛感，也称为日光性皮炎。在严重的情况下，还可能导致起疱、发烧、打寒战、头疼和周身不适等症状。另外，随着暴露在阳光下的影响年复一年地积累，很可能诱发成年后皮肤起皱、硬化、色斑，甚至皮肤癌。

一般来说，轻微的晒伤会在几天或一周内自行痊愈，施行冷敷可以帮助宝宝减轻皮肤上的不适：立即将晒伤的部位浸在冷水里，或用冷水浸湿毛巾冷敷 15 分钟，每日至少 4 次。留一些水在皮肤上，通过蒸发来降温。

用不含石油成分的保湿液（如芦荟）涂抹，一天几次，天然的芦荟凝胶有助于平复晒伤。穿着宽松、轻薄、棉织的衣服会让宝宝不那么难受，补充充足的水分有助于他尽快恢复健康。

如果皮肤起了水疱，需要及时就医；要把起疱当作二级烫伤看待，切勿自行挑破水疱，以免引发感染。

给宝宝服用布洛芬来缓解疼痛，减轻炎症。

要到宝宝的晒伤完全好了，才可以再出去晒太阳。

给宝宝穿衣的原则

常言道“春捂秋冻”，对于小宝宝来说这样合适吗？我们知道人是恒温动物，体内有一套完善的体温调节系统，但对于小宝宝来说，体温调节功能有待完善，所以不能单纯地强调“冻”，即使秋冻也要从耐寒锻炼开始，逐步进行。当然，根据中医观点，小儿一般阳气偏旺，如果过暖则会助长阳气而消耗津液。所以，家长也不要过早、过度为宝宝保暖，可以检查一下宝宝的手、后颈，以不出汗为好，如果身体出汗反而容易感冒。

手暖无汗

家长可以根据天气预报、实际的气温变化和感觉，有计划地给宝宝增加衣服，以宝宝不出汗、手脚不凉为标准。穿的衣服过多，不但会影响宝宝自身耐寒锻炼，还会让宝宝更容易患上感冒等疾病。正常情况下，宝宝的体温一般会比老年人和成年人高，那些不会走路、抱在怀中的小宝宝能够接受妈妈身体散发的热量；大一些的宝宝自身活动增多，并不会觉得冷。如果活动量很大，穿得太多会使宝宝一动就出汗，若不能及时擦干并换上干爽的衣服，更容易着凉生病。

通常宝宝的穿着只要比成人多一件就行，大些的宝宝可以和成人一样多，甚至还可以有意让宝宝略微少穿一点，以锻炼御寒能力。秋季适当地感受凉意反而能增强宝宝的体质，使宝宝不容易生病。

不要让衣服妨碍宝宝的运动

经常看到有些宝宝穿得太多，活像个小绒球；或者穿的衣服很漂亮，但不太适合运动。这些都会使行动尚不灵敏的宝宝活动起来十分不便，在客观上会减少宝宝锻炼的机会。相反，如果穿着适宜，宝宝活动自如，运动量也会增加，这样更有利于提高他们机体的抗病能力，增强体质。

爱心提示：

家长应该根据自家宝宝的具体情况给宝宝穿衣，千万不可攀比着来，每个宝宝的体质是有差别的。

宝宝冬季如何保暖

1 岁以内宝宝的体温极不稳定，容易随着环境温度变化而波动，常表现为体温过低（35 摄氏度至 36 摄氏度），这与宝宝体温调节中枢功能尚未完善，体表面积相对较大，皮下脂肪相对较薄，具有保暖作用的棕色脂肪储存量较少等因素有关。

在寒冷季节，小年龄宝宝的新陈代谢亢进，产热增多，同时散热不断增加，耗氧量也增多。如果家长给宝宝采取的保暖措施不得力的话，常可引起体温过低。另一方面，若给宝宝保暖过度（如衣着、被褥过厚，蒙被等）又会引起婴儿焐热综合征。当被窝里的温度超过34摄氏度时，小宝宝就会发热、全身出汗、脱水、电解质紊乱，甚至发生脑缺氧和脑水肿等严重后果。据有关临床资料统计，婴儿焐热综合征的死亡率为17%—30%，得过这种病的宝宝约有12%会在日后留下脑瘫、智力落后和癫痫等严重后遗症。

因此，要提醒广大年轻父母，经常利用体温计监测小年龄宝宝的体温，以便及时发现宝宝是否体温失衡（如发烧和低体温）。

衣服就像宝宝的第二层“皮肤”，特别是在换季的时候，气温变化很大，对于自身调节能力尚处于发育阶段的宝宝来说，合适的穿着会使他们更舒适、更惬意。

爱心提示：

即使是刚出生的小宝宝，也要多准备几套衣服，以便经常换洗。从种类上看，秋冬天衣服种类会更多，包括外套、棉衣（裤）、毛线衣（裤）、内衣裤、马甲（坎肩）、披风或斗篷、帽子、袜子等。

宝宝的身体长得快，所以在准备宝宝衣物时要有计划性，不用一次性把整个秋冬季的衣服都买够。

化纤类衣服在干燥的季节更易起静电，尽量不买，或买经过防静电处理的衣服。

宝宝的衣服漂亮当然很重要，但还是以实用为主。

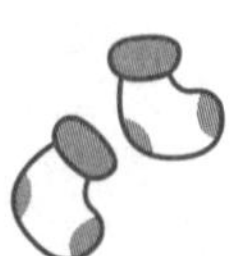

秋冬季儿童补水

进入秋冬季，许多人认为出汗少，可以少喝水了，其实不然。秋冬季气候干燥，人体每天消耗的水分在增加，必须及时补充。宝宝的新陈代谢旺盛，单位体重的水分消耗量比成人高，又因他们器官系统功能发育不成熟，免疫力弱，对饮水的要求也比成人高。因此，对正在生长发育中的宝宝来说，合理补水非常重要。

怎样才是合理的补水

- 少量多次

少量多次是一个不错的做法。每次喝 50—100 毫升左右，婴儿每次的量可以更少，慢慢抿。宝宝的肾小球滤过功能不完善，快速、大量的牛饮会增加肾脏负担，导致多余液体不能顺利排出，出现水肿，同时也影响正餐的胃口。另外，宝宝水分的摄入量应把白开水、奶、汤、果汁等计算入内，所以没有所谓的每日饮水规定量。

- 安全补水

在考虑儿童饮水量时，不能简单粗暴地将喝水多少与缺水多少画等号；人体所需补充水分的量也不等同于直接喝水量。特别是年龄越小的儿童，越要注意补水安全。

人体每天的失水量（需补充量）＝不显性失水（出汗、呼吸、大便，从肺、皮肤和胃肠道丢失的水分）＋显性失水（尿液）—内生水（碳水化合物氧化代谢中产生的水）

人体内的内生水，千万不能忽略，所以喝水多少还需要按照宝宝的实际需求。

如何判断宝宝缺水

• 小便颜色，是判断缺水与否的最直观指标。颜色清亮、近乎透明，说明水分摄入充足。如果颜色偏黄，说明尿液浓缩功能增强，身体处于缺水状态。

• 小便量和次数。尿多尿少，父母很难称量，尿的频次有一定参考意义。未满月的新生儿一天能尿湿 20 块纸尿裤。三四岁的宝宝，一天可能尿六七回。在清醒时，宝宝四五个小时不尿，或尿得特别少、特别黄，就要担心缺水。

• 如果宝宝排尿频繁，每次就几滴，可能是排尿习惯不好，也可能是尿路感染，突然排尿频繁应就医检查。

• 宝宝没眼泪，前囟、眼窝凹陷，皮肤干缺少弹性，也说明缺水较重。

宝宝该喝什么水

所有天然食物中的水分都是“好水”，包括白开水、鲜牛奶、新鲜水果（现榨果汁）、蔬菜、汤汁等。

不建议买瓶装果汁等甜味饮料。为延长保质期、提高口感，很多瓶装饮料含防腐剂。这些成分虽然安全，但要经肾脏排泄，无形中给肾脏增添负担。

• 婴幼儿期（0—3 岁）

纯母乳喂养的宝宝，光喝乳汁，水分的摄入就足够了。若宝宝生病、不舒服等，可以适当增加哺乳次数，延长每次吃奶的时间。毕竟，母乳中 80% 以上都是水，当然母亲本身也要注意在秋冬干燥季节增加饮水量。

纯配方奶喂养的宝宝，只要按说明书冲泡配方奶，一般能保证健康宝宝的日常水需求。在一些特殊时期（宝宝生病、打疫苗等），或在使用空调、油汀等加重失水的环境里，可观察宝宝是否有缺水症状或咨询儿保医生，结合其月龄，考虑补水方法。

添加辅食后，宝宝对水分的需求会相对增加，可以考虑常规喂水。当然，为了预防肥胖和避免养成嗜甜的饮食习惯，现在不主张对 1 岁以内的宝宝常规喂食果汁等饮料。

• 学龄前期（3—6 岁）

一般幼儿园小朋友的作息中，几乎每隔 1.5—2.5 小时就会吃吃喝喝，安排较科学、合理。在此基础上，可在每次室内 / 外活动间隙，给宝宝喝 100 毫升的白开水。宝宝放学回家，或者睡前 1—2 小时，可以再喝杯牛奶。

宝宝喝水的注意事项

• 不建议白天没喝够水、晚上拼命补，这可能造成宝宝半夜尿床，最终睡不好，影响生长发育。

• 发烧、腹泻、呕吐时，感冒咳嗽中，打疫苗、服药后建议增加饮水量。因为相比成人，宝宝更易因为发烧、腹泻等流失大量水分，且有些药物需肾脏代谢。多喝水，能帮助化学物质排出。同时，摄入更多水分，有助于排尿排汗，加速身体代谢，也有帮助退热的作用。

• 不建议宝宝长期喝一种水。白开水——生水烧开后，活性增加，使人体细胞得以滋润，迅速解渴，这是专家推荐给宝宝的最好饮品。但煮沸后的水钙镁含量降低，铝离子含量偏高，长期饮用易摄入铝离子过多，影响宝宝骨骼和神经发育。矿泉水——其中含有多种微量元素，对身体有一定益处，但是由于宝宝的肾脏等器官发育不完全，过滤功能不如成人，若长期饮用矿泉水，多种金属元素会给宝宝造成一定的肾脏负担。纯净水——其中虽然除去了有害杂质，但同时也除去了所有矿物质，若长期饮用纯净水会造成微量元素缺乏。所以，最简单的方法就是几种水交替饮用。

宝宝不爱喝水怎么办

秋冬季空气干燥，补水至关重要，但头疼的是家里的宝宝就是不爱喝水。怎样才能让宝宝喜欢喝水呢？

让宝宝补充水分的小窍门

- 和宝宝玩喝水游戏

找两只小杯子，在两只小杯子里倒上同样多的水，一只杯子给宝宝，一只杯子给自己，然后和宝宝一起玩“干杯”游戏。

- 鼓励策略

多说“宝宝好乖，喝了水就不渴了”“多喝水的宝宝才是好宝宝”等，宝宝会为了被夸奖而配合家长的要求。

- 家里不存放饮料

若不想让宝宝成天抱着甜味饮料瓶，那么家长首先就要做到不买，也不在家里存放这类饮料。就算偶尔让宝宝解解馋，也应该适量。

- 父母做出榜样

任何习惯的培养，家长的作用都是至关重要的。家长在喝水时，可故意到宝宝面前做出夸张的动作，引起宝宝的喝水欲望。

- 利用“跟风”效应

宝宝们都有一个特点，就是看到其他宝宝干什么，自己也会跟着干什么。建议家长在带宝宝外出玩耍时事先预备一瓶水，只要有其他宝宝在喝水，就赶快递上自己家的水杯，一般都能如愿。

- 更换杯子

宝宝天生偏爱有可爱动物图案的物品，家长可尝试准备两三个带有不同动物图案的杯子，轮换着喂宝宝喝水，或者用不同形状的器皿装水给宝宝喝，这会让他们觉得新鲜有趣，喜欢上喝水。

- 让宝宝爱屋及乌

每个宝宝心目中都有自己的小偶像，用他的小偶像来编故事。例如，宝宝喜欢天线宝宝，就给他编一个天线宝宝喝白开水的故事。

- 甜味白开水

在白开水里放上一片苹果片或者梨片，稍等片刻，让白开水里含有自然的甜味，会让宝宝产生尝试的欲望。

- 稀释饮食

宝宝特别抗拒喝水且上述方法都不奏效时，不妨少食多餐，每一餐做得稀一些，饭煮得烂一些，让宝宝多吃有汤水的食物。

如何为宝宝选择儿童安全座椅

在日常坐车出行的过程中，将宝宝抱在怀里或者给他系上成人用安全带，都是不安全的方法。正确的方式是使用车用儿童安全座椅。车用儿童安全座椅也称儿童约束系统（child restraint system），是专门针对不同年龄、不同身高、不同体重的儿童设计的，保护儿童乘车安全的装置，能够在车辆突发状况时，通过减缓对儿童的冲击力和限制儿童的身体移动，来确保其安全，所以儿童安全座椅绝对不是可有可无的配置。那么我们该如何选购呢？

欧洲强制性使用车用儿童安全座椅的执行标准 ECER－44/04 是由荷兰提出的，它的定义是：能够固定到机动车辆上，带有 ISOFIX 接口的安全带组件或柔性部件、调节机构、附件等组成的儿童安全防护系统。在汽车碰撞或突然减速的情况下，可以减少对儿童的冲击力，限制儿童的身体移动，从而减轻对他们的伤害。

选购时看接口

儿童安全座椅的分类是根据固定方式的种类来区分的，目前共分为三种：欧洲标准的 ISOFIX 固定方式、美国标准的 LATCH 固定方式和安全带固定方式。

- 欧洲标准的 ISOFIX 固定方式

欧洲地区销售的车型以该接口作为标准配置。

优点：安装最便利，拆装只有一分钟，硬卡钳强度较高，能更有效地限制安全座椅在车祸中的位移。

缺点：安全座椅顶部无限制，车祸中易因惯性向前倾斜（可以靠提高座椅背部结构刚性或其他方法减缓）；实现反向安装的成本较高。

- 美国标准的 LATCH 固定方式

LATCH 固定点比 ISOFIX 多一个，一共三个。

优点：解决了 ISOFIX 顶部无固定的问题，且因非刚性连接，对于车内座椅的锚点位置要求较为宽泛。

缺点：安装便利性略小于 ISOFIX，软式连接刚性不足。

- 安全带固定方式

使用汽车标配的安全带进行固定，通用世界上任何一辆有安全带配置的汽车。国内销售的很多儿童安全座椅都只支持这种固定方式。

优点：不需要专用的接口，适用范围广，反向安装便利，价格相对便宜。

看安全座椅接口的目的就是要了解安全座椅是否可以在自己家的车上安装。如果安全座椅的安装方式不符合自己家汽车的配置，那么买回来也用不了。

选购时看使用范围

儿童安全座椅有组别的区分，它会根据宝宝的年龄、身高、体重进行划分。例如0—9个月，0—13千克的就适合婴儿提篮。在网上搜索一下，你会发现各个年龄组的都有，目前安全座椅主要分为婴儿组（9个月以下）、幼儿组（0—4岁）和学童组（4—12岁）。所以家长要根据自家宝宝的实际情况确定购买组别。12周岁后，孩子就可以坐成人座椅了，因为车上的安全带完全可以起到保护作用。

选购时看外观和是否可以拆洗

安全座椅作为一个车内用品也是车内饰品，所以安全座椅的外观色调要和车内风格相协调。另外，安全座椅作为儿童用品，宝宝是否会喜欢，以及布套是否耐脏，是否可以拆洗，也非常重要。

选购时看质量

安全座椅作为和儿童生命安全息息相关的产品，安全性能是重中之重；一般正规品牌的产品质量比较有保障。

识别认证体系：看是否有3C认证以及是否有ECE认证，有这些检测认证的座椅说明通过了安全检测，不同的认证有不同的检测严格程度。3C

认证是国内强制要求的；ECE 认证分好几种，一般来说 E1、E4 的认证要求是比较高的，通过这两个认证的座椅的安全性能一般来说也更有保障。这套标准针对儿童头部保护、安全带束缚能力等方面做出了严格的规定。在 ECER-44/04 中，不同标准的认证标签也有所区别，比如，ECER-44/04E4 后面的 E4 才是重点，E4 代表经过荷兰认证，荷兰是安全座椅推行国，对安全座椅各方面的要求都更严格。E1 则代表通过了德国的安全标准认证。市场上的座椅大部分认证为 ECER-44/04 和 ADAC，ADAC 是德国全德汽车俱乐部设定的安全标准。

识别布料及材质安全：这个可以从商品详情中做出判断。安全座椅是否有刺激性气味，布套或者材质是否有相关的无毒认证、阻燃认证等。

选购时看使用是否便利

如果要经常拆卸安全座椅，那么有接口的座椅安装起来会方便很多。可以折叠的座椅收纳比较方便，可以方便地将座椅放在后备厢。另外是否有头枕高度调节，是否有肩带调节，档位是否可以调节也要纳入考虑范围。有头枕调节、肩带调节、档位调节的安全座椅往往适用性更强，座椅可以随着宝宝长大而调整。

让宝宝在旅行中远离疾病

为什么旅行中宝宝容易生病

交通工具和某些旅游景点相对封闭和拥挤，容易使病毒、细菌滋生和传播；长途旅行易产生疲劳，且宝宝充满对新环境的探索愿望，又不懂得合理分配体力；旅行过程中正常的作息时间容易被打乱；饮食往往受到环境的限制，冷、热温度的变化、烹饪方式的变化、酸甜咸辣等口味的变化，都使宝宝的胃肠道经受更多的考验；营养的摄入也会产生变化……上述种种因素都容易使宝宝抵抗力下降而生病。

旅行中的常见病

- 上呼吸道感染：交通工具和某些旅游景点相对封闭和拥挤，容易滋生和传播各种病毒和细菌。
- 腹泻：饮食上往往受到环境的限制，使宝宝的胃肠道经受考验。
- 晕动病：在坐车、坐船、坐飞机时，由于宝宝的内耳平衡系统还未发育完善，会对运动特别敏感而产生眩晕、恶心、呕吐、头晕、脸色苍白、腹泻等晕车症状。
- 外伤：宝宝常常因为兴奋而出现跌倒、扭伤等小意外。
- 过敏：皮肤过敏更常见，可因虫咬、食物、寒冷刺激或其他致敏的物质接触而引发。

宝宝生病了怎么办

- 肠胃病

肠胃不适最常见的表现为食欲不振、恶心、呕吐等。应保证宝宝有充分的休息，消除疲劳，根据环境变化常给宝宝更换衣服；注意饮食卫生，少吃难消化的地方特色食品，饮食尽量有规律并有节制，不暴饮暴食，养成饭前、便后洗手的习惯；如有呕吐、腹泻等症状，可喂些含盐食物或米粥，补充液体流失；症状较轻时可服些肠道药物，如症状严重应及早到医院就诊。

- 感冒

感冒的常见症状为持续高烧、流鼻涕、咽痛、咳嗽、鼻塞等。应随气候变化及时给宝宝增减衣服，防止受凉感冒。坐车、坐船、坐飞机时，注意舱内温度，尽量不要给宝宝穿得太热，因为车、船、飞机内一般温度较高，且人员多，空气欠流通，病毒、细菌容易滋生传播，宝宝焐得太热而发汗，汗水捂在衣物内反而易感冒。如果出现感冒症状，应让宝宝多休息，保持身体温暖，多喝温开水，并斟酌服用退烧或感冒药，若发烧持续不退，应立即送医院治疗。

- 晕动病

晕动病是有些宝宝在坐车、坐船、坐飞机时，由于内耳的平衡系统对运动特别敏感，而产生的眩晕、恶心、呕吐、头晕、脸色苍白、腹泻等晕车症状。这并非生理性疾病，一般宝宝休息一阵就能自行缓解。乘车前不喂宝宝油炸的或高脂肪的食物；保持车内空气畅通，不要有浓烈的食物味道或香烟、汽油味等，远离吸烟者；可给宝宝吃点饼干、糖果或榨菜，喝少量的饮料以防脱水，如果呕吐应少吃食物。为宝宝准备好塑料袋、卫生纸和水，呕吐时让其将污物吐在里面，用水漱口，消除不良气味，擦净嘴角。小宝宝一般上车后容易睡觉，晕车的概率相对较小，尽量不要给宝宝吃晕车药，可以给宝宝准备一点橘子、橙子之类的水果，这可以有效预防晕车。

- 意外伤害

出游时，儿童常常因为兴奋而出现跌倒、扭伤等小意外。如果有瘀青或红肿，应在 24 小时内冰敷，24 小时后热敷。一些皮肤破损的伤口，要及时清创，并赶往就近医院，根据情况看是否需要进行破伤风的预防处理，还要特别注意避免宝宝烧伤、烫伤、溺水、误服药物或接触有毒化学品。

- 过敏

皮肤过敏更常见，可因虫咬、食物、寒冷刺激或其他致敏的物质接触而引发。出门前要考虑宝宝是否是过敏体质，有无哮喘，曾对什么物品产生过敏反应，出门后应尽量避免宝宝接触或食用此类物品。同时，应随身携带一些抗过敏的口服及外用药物，对于哮喘儿童还需准备平喘的喷剂。

- 传染病

如果在流感流行季节外出，应事前进行预防接种；如果发现旅游地区有传染病，如水痘、麻疹、肝炎等，应立即转移或终止旅游。

爱心提示：

带宝宝出门旅行是一件令人高兴的事，但在出发前还需要家长做很多“功课”。

- 报名准备：您在携带宝宝报名参团前，一定要将宝宝的年龄、身高及住宿是否单独占床位等信息如实告知旅行社；将儿童是否产生费用的有关信息写入旅游合同中。

- 心理准备：家长事先给宝宝以外出的心理准备是很有必要的，可以事先描述旅游的趣事，让宝宝对旅游充满期待。

- 整理行装：让宝宝也参与帮忙，可把他平时喜爱的玩具带在身边，使他更放心。宝宝的衣物、食品、药品、手推车等，要在行前准备好。平时喝配方奶的宝宝，要携带多个奶瓶用以替换。

- 必备药品：止痛药或退烧药、止泻药、胃药、止咳祛痰药、抗生素、晕车药、外伤药水、纱布、酒精棉、棉花棒、绷带、创可贴、防虫药膏，并带上熟识医生的电话。

- 乘坐交通工具：在飞机上一定要为宝宝系好安全带；低龄宝宝要抱在怀里，不要让宝宝随便走动，防止颠簸时引起碰撞而受伤。宝宝的情绪波动大，哭闹有可能妨碍他人休息，所以应做好安排，可以让宝宝看书、听故事。飞机起降时，宝宝会感到耳朵痛，喝奶、咬奶嘴、嚼糖果有助减轻症状。

• 就餐：旅途中饮食宜清淡，多吃蔬菜水果，不食用不卫生、不合格的食品和饮料，不喝没有消毒过的泉水、塘水和河水，不要让宝宝吃生冷的饮食，如生凉拌菜、冰水等。宝宝的奶瓶晚上回酒店要用热水消毒洗净。

• 安全：旅行时，婴儿可怀抱或坐推车和儿童安全座椅，行走的低龄宝宝要由成人搀扶。旅游时要时时注意宝宝的安全，避免走失、溺水或受到意外伤害。

宝宝补钙问题

钙是人体重要的构成元素之一。除了与骨骼健康有密切关系之外，钙还参与神经、肌肉的活动和神经递质的释放，能降低神经肌肉的兴奋性，并能调节激素的分泌、血液的凝固、酶的活动。此外还可调节心律、血压，降低血管的通透性，防治变态反应等。

由此可见，钙是一种十分重要的元素，而钙也是人体生长发育过程中最容易缺乏的元素。

学龄前是个体一生中体格和智力发展的重要时期，如果缺钙，不但会影响骨骼发展，也会对智力产生负面影响。骨骼是人体中的“钙银行”，当机体缺钙时会从骨骼中提取，学龄前儿童充足的钙摄取不仅可以保证峰值骨量在青少年期达到较高值，而且还能在一定程度上降低个体年老后因骨质疏松引起的骨折。

中国营养学会指出，我国4—10岁儿童每日钙的摄取量宜为800毫克。

如果家里的宝宝有不易入睡、入睡后多汗、易烦躁、阵发性腹痛（排除器质性原因、食物过敏、消化不良、胃肠炎等）、常出现抽搐等症状时，应前往医院明确是否存在缺钙。

膳食补钙是最好的补钙方式

宝宝补钙应首选膳食补钙，通过营养均衡合理的膳食补钙更加安全，营养元素之间的相互作用可以更好地促进钙的吸收。钙含量高的食物有牛奶、鸡蛋、虾米、奶酪、海带、牡蛎等。但一些蔬菜中含有草酸较多（如菠菜、空心菜、茭白、冬笋等），草酸易与钙结合形成不溶解的草酸钙，会影响机体对钙的吸收，这些蔬菜食用前最好用水焯一下，减少其中草酸的含量。

钙剂的选择

在膳食补钙不能满足机体需求时，需要选择合理的钙剂补钙。目前，市面上的钙剂有很多种。

碳酸钙：含钙量高，不良反应较小，吸收率达 40%，应用较为广泛。

乳酸钙：我国传统的钙补充剂之一，容易溶解，钙含量较低。

磷酸氨钙：含钙相对较高，吸收较难，不适用于高磷酸盐血症及肾功能不全者。

枸橼酸钙：含钙量适中，水溶性较好，生物利用度较好。

活性钙：生物钙（贝壳类）高温煅烧而形成的钙混合物，钙含量高，但其水溶液对胃肠刺激性大。

有机钙：人体的吸收较好，对胃的刺激较少。

选择钙剂时应符合含钙量高、溶解度好、肠道吸收率高、重金属含量低的原则。对于儿童来说，应根据其年龄大小、机体情况选择合适的剂量，口感好且水溶性好的钙剂更受儿童欢迎。

肋外翻、枕秃，是缺钙吗

我们平时所说的缺钙或佝偻病，严格意义上是指营养性维生素 D 缺乏佝偻病，也就是说是个体体内缺维生素 D。维生素 D，是促进肠道钙吸收的一种必需营养物质。

宝宝为什么要补充维生素 D

包括母乳在内的天然食物维生素 D 含量都很少，而维生素 D 能促进钙和磷的吸收，缺乏维生素 D 容易引发佝偻病，轻则导致宝宝运动发育迟缓，如肌肉松弛、肌张力降低、免疫力下降、反复感染等，重则可造成宝宝将来患上成人期糖尿病、哮喘、多发性硬化等慢性病。

宝宝如何补充维生素 D

足月宝宝出生后数天内就可以开始，预防剂量为 0—2 岁的宝宝每天补充 400IU（国际单位）的维生素 D，早产儿、出生低体重儿、双胎或多胎宝宝出生后可每日补充 800—1000IU（国际单位），3 个月后改为每日 400IU（国际单位）。治疗服用剂量会更高，请遵医嘱。

有人认为 3 岁以内的宝宝奶制品吃得多，就不需要补充维生素 D 了，这个观念是错误的。3 岁以内特别是 1 岁以内的宝宝，从食物中获得钙的来源很丰富，但并不说明宝宝不缺维生素 D，所以只能说婴幼儿期可能无须额外补钙，但是需要补维生素 D。

维生素 D 补过量，也会导致个体中毒，可造成高钙血症、高钙尿症、抑制中枢神经系统和异位组织钙化，但实际上对于不存在钙调节激素障碍的正常儿童，维生素 D 过量或中毒的主要原因，是使用肌肉注射大剂量的维生素 D，每支有 30 万 IU（国际单位），而口服剂量不仅小得多，而且有肠道吸收的自我调节功能在，是很安全的。

爱心提示：

只要宝宝没有口服障碍，或肠道吸收障碍，就应该口服维生素 D，杜绝滥用针剂。

最重要的是，维生素 D 可以通过直接阳光照射或补充维生素 D 两种方式实现，其中以阳光照射补充维生素 D 最为天然，我们的皮肤中有胆固醇，通过照射后可以转换为有生物活性的维生素 D。研究表明，儿童每天在户外活动 2 小时以上，接受阳光的照射，可以吸收每天需要的维生素 D。但当下生活方式及教育理念的改变或多或少降低了儿童接触自然和阳光的机会，故提醒广大家长在适当防护紫外线的同时也不要拒绝阳光。

多吃钙片、多睡觉能长高吗

基因是决定身高的主要因素，遗传在身高方面的贡献要达到 70%—80%。另外，合理膳食、经常运动和充足的睡眠是帮助宝宝发挥自然体质潜能的最佳方法。但是肥胖儿童因体内脂肪含量过高，会通过芳香酶干扰性激素代谢，造成骨龄提速，从而影响宝宝的成年身高。所以在今天，我们不是鼓励宝宝多吃，而是要确保宝宝营养均衡并且不能肥胖。

虽然抵抗地心引力的腾跃运动或拉伸运动能助长身高，但运动过度，如运动员过度训练也会造成骨龄增速，所以凡事过犹不及哦！

爱心提示：

如果宝宝饮食、睡眠正常且无疾病的话，是没有任何一种神奇的药片、配方或营养品能使您的宝宝增高的。

相关链接

中医讲的“春生夏长秋收冬藏”有没有道理？

“春生夏长秋收冬藏”有一定道理，春天是万物生发的季节，人本身也是万物中的一环，无论是外部环境还是内部环境的变化，较之冬季，人体生长发育会有所加速。曾有研究报道儿童在春季长得快，但具体数值并没有统一的结论，应该说人种、地域、经济和营养状况等都可能对其产生影响。

怎么让宝宝的身高不输在起跑线上？

儿童的生长发育必须基于内部良好的生理状态和外部良好的营养供给。身高没有输在起跑线上这一说，人的身高有70%依然受到父母遗传的影响。

请问如何从饮食、生活起居、体育锻炼、睡眠等多方面科学助长身高？

饮食要均衡，理想状态是每天涵盖5大类20个品种以上；生活起居要养成良好的规律，这有助于体内各种激素的正常分泌；进行一些抵抗地心引力或拉伸的运动锻炼，如篮球、游泳等；生长激素在深度睡眠状态下处于分泌高峰，所以保证良好的睡眠质量很重要。

父母对于婴幼儿、青少年身高认识的常见误区在哪里?

喜欢时时刻刻与同龄的儿童相比较，而不考虑自身的因素，每次评估时都希望自己家宝宝的身高能在参考人群的标准范围内越靠前越好。其实人的身高70%来源于遗传，剩下的30%还要受到外界环境、饮食状况、人群总的变迁影响。另外，0—3岁是个体第一个生长高峰期，进入青春期还会迎来又一次的快速生长，过早给宝宝下定论或拔苗助长都是不明智的。

听说宝宝生长过程中要检测微量元素，请问应该怎么及早发现宝宝是否缺乏一些营养元素呢?

比较简便的方法是儿保科的检查，一旦发现宝宝的生长速度下降明显，与同年龄同性别宝宝的身高、体重标准相差较大，或宝宝的生长发育虽然还没出现明显滞后、但有明显的食欲下降、夜惊、反复感染、口腔溃疡、皮肤粗糙脱屑等情况，就要考虑宝宝的营养是否合理，是否缺乏某种必要的营养素。可以通过咨询保健医师、做一些血液或头发的微量元素检测，通过对既往饮食的回顾进行膳食营养的分析，发现问题所在，从而制定合理的营养膳食方案，及时纠正各种营养问题。

早产儿的护理

早产儿在脐带脱落、创口愈合后才能沐浴。上半身擦澡时，可以在暖箱内操作护理，下半身清洗时，应包裹住上半身后再抱出暖箱清洗臀部。体重在1000—1500克以下者，可用消毒过的植物油或滑石粉轻擦皱褶处，以保护皮肤。

早产儿的护理重点主要为以下三点。

保暖

早产儿由于体温调节困难，因此护理中对温度、湿度的要求就显得很重要。

早产儿衣着应轻柔软暖、简便易穿，尿布也要柔软、容易吸水，所有衣着宜用布带系结，忌用别针和纽扣。睡暖箱的早产儿，除测体重外，护理工作尽量在暖箱内进行，操作时应从边门内进入，不到万不得已不能打开箱盖，以免箱内温度波动过大。

凡体重增加2000克左右或以上，在24摄氏度室温时，能在不加热的暖箱内保持正常体温，且每3小时用奶瓶喂奶一次吮吸良好，并体重持续上升的早产儿，可移出暖箱。

正确喂养

• 由于早产儿生长发育较快，正确的喂养比足月儿更重要。一般早产儿可于出生后2—4小时开始喂糖水，试喂1—2次无呕吐者，6—8小时后再改喂奶液。曾发生过青紫、呼吸困难、体重过低或用手术产出的早产儿，可用静脉滴注10%葡萄糖液，每日每公斤体重用量为60毫升。个别情况严重的早产儿可能会使用全静脉高营养液，情况好转后才改口服。

• 喂奶间隔时间可根据不同体重安排，1000克以下的早产儿每小时喂1次，1001—1500克的早产儿1.5小时喂1次，1501—2000克的早产儿2小时喂1次，2001—2500克的早产儿3小时喂1次。夜间喂奶时间均可适当延长。如遇到一般情况欠佳，吮吸力差、胃纳欠佳易吐的早产儿，白天晚间均以少量多次喂奶为宜。

• 如果早产儿能吮吸，就让他吸奶嘴，这样可以协助他发展口腔活动技能，而且也可以给予他一定的安全感。早产儿吸吮力气不足，喂养时更应该耐心，一般出院初期一次喂奶大多需要30—40分钟。出院后刚回家的头两三天内，宝宝每餐的喂食量应先维持在医院时的奶量，不必增加，直到适应家里的环境后再逐渐加量。

• 若宝宝在吸奶过程中有呼吸抑制现象，可采取少量多次或间断式（每吸食1分钟，将奶瓶抽出口腔，让宝宝顺利呼吸约10秒钟，然后再继续喂食）的喂食方式，可减少宝宝吐奶及呼吸压迫的发生。

• 喂奶方法可视早产儿的具体情况而定。喂哺早产儿以母乳为最佳，应尽量鼓励产妇维持母乳。在母乳不足的情况下，也可考虑用早产儿配方奶人工喂养。出生时体重较重，且已有吮吸能力的宝宝，可以直接哺喂母乳。如果体重较重并已有吮吸力的宝宝需要用奶粉喂养，应用小号奶瓶，奶液不易降温。橡皮奶头要软，开孔大小以倒置时奶液恰能滴出为宜。流奶速度过快，宝宝来不及吞咽，容易导致窒息；流奶速度过慢，宝宝吮吸费力，容易疲倦而拒食。早产儿对糖的消化吸收最好，其次为蛋白质，对脂肪的消化吸收能力最差，因此半脱脂奶较为理想。

防止感染

早产儿的房间应该有空气调节设备，保持恒温、恒湿和空气新鲜。

应让宝宝侧向右睡，以防呕吐物吸入。平时经常调换卧位，以帮助宝宝肺部循环，防止肺炎。一般可在喂奶后向右侧睡，换尿布后向左侧睡。用奶瓶喂奶时最好左手托起宝宝的头、背或抱喂。喂后轻拍宝宝背部使嗳气后再侧卧。易吐的宝宝可取半坐卧式片刻，以免奶液吸入呼吸道或呕吐后流入外耳道引起感染。一旦发现有感染，患儿应立即隔离。

定期回医院检查，检查内容包括视力、听力、黄疸、心肺、胃肠消化、接受预防注射等。保持与新生儿医生密切的联系以便随时能咨询。家长应熟悉婴幼儿急救术，如吐奶、抽搐、肤色发绀的处理方法，以备不时之需。

爱心提示：

最重要的一点是，留心宝宝的特殊需求。一般规律不一定完全适合早产儿的需要，你必须“听他指挥”。

适合早产儿的配方奶

早产儿，是指胎龄未满 37 周，体重小于 2500 克，身长小于 46 厘米的婴儿。早产儿和正常足月儿不同的地方主要在于“少、难、多”。“少”是指早产儿从母体里带来的营养素少，因为许多营养素的储存是在孕后期完成的；“难”是指消化难，因为早产儿的代谢排泄系统发育尚不完善；“多”是指需要的多，因为早产儿出生后的生长速度高于正常足月儿，需要达到 3 期宫内生长速度，所以需要更多的能量和蛋白质以赶上正常的生长。

早产儿配方奶的特点

早产儿配方奶粉不仅保留了母乳的许多优点，和其他配方奶粉相比，还适当地提高了热量，强化了多种维生素和矿物质，以补充母乳对早产儿营养需要的不足。但早产儿配方奶粉缺乏母乳中的许多生长因子、酶和 IgA 等。

早产儿配方奶粉，属于特殊配方奶一类，是专门针对早产儿的营养需求和消化特点设计的，特点是容易消化吸收、热量及蛋白质的含量略高于其他配方奶粉。早产儿配方奶粉只适用于早产儿，足月出生的宝宝，普通奶粉即可满足其营养需求。

早产儿作为发育不成熟、不完善的一个特殊群体，对他们的营养需求不仅要考虑到营养素缺乏引起的问题，还要考虑这些营养素过多所带来的可能风险。因此，即使一般早产儿配方奶粉的适用年龄都是写 0—12 个月，但实际上并非需要持续喂养到 1 岁。对于需要进行追赶性生长的早产儿来说，当他们追上同龄足月儿的生长发育水准之后，即可转换成普通婴幼儿配方奶粉。由于个体差异的不同，具体需要咨询医生。

早产儿配方奶的喂养

因为早产儿的肠胃机能较弱，对初次接触的奶制品具有依赖性，更换奶粉的品牌或品种需要采取交替、渐进的缓慢方式逐渐过渡。先将两种奶粉冲调在一起，旧品牌的多一些，新品牌的少一些，逐步添加新品牌的奶粉量至完全代替旧品牌。同时需要注意观察宝宝的消化情况，如大便的性状和次数，若无大的变化，说明消化情况良好；反之，则要适当稀释奶粉，等宝宝适应后再逐渐添加至原来的浓度。

由于早产儿的吞咽功能尚不完善，有时会发生吐奶及呼吸不畅的现象，使奶逆流至咽喉部，再吸进肺部，引起吸入性肺炎，严重者会立即窒息致死。所以喂奶时，应选择质地较软的奶嘴且奶嘴的吸入孔大小要适宜，同时最好让宝宝处于半卧位，喂奶后注意拍嗝，即竖起宝宝，轻轻拍打后背3—5分钟。如果宝宝发生吐奶，应让宝宝俯卧或侧卧，防止溢奶或呛咳造成窒息。对吸吮力很差的宝宝，可用小匙喂养，但需要注意保持奶的温度，不可太凉。

吃得慢是早产儿的进食特点，因此喂奶时需要耐心，而且要给宝宝一个休息时间：吃一分钟后，让宝宝停下来休息一下，等十秒钟后再继续喂，这样可以减少吐奶的发生。

爱心提示：

早产儿配方奶粉的选购要点：品牌信用度为上；包装标识清晰；按早产儿的营养需要选择；选购前可先咨询临床营养医生的建议。

早产儿家庭早期干预

家庭内开展早期干预的意义

早产儿生活时间最长、最舒适的地方是家庭，因此，家庭环境和养育方式对早产儿的发育起决定性作用。

早期干预能否成功的关键包括以下几点。

- 家长认识到早期干预的重要性。
- 家长克服焦虑情绪，耐心学习早期干预的方法。
- 家长发挥积极主动性，创造丰富的养育环境，结合日常生活对早产儿进行锻炼。

- 家长按照治疗师的要求在家庭中坚持对宝宝进行干预训练。
- 按照医生的要求，定期随访，如发现异常，及时治疗。

在早期干预的整个过程中，父母和家庭起着关键和决定性作用。

干预介入时间越早效果越好

- 生命早期，脑容量增长迅速。新生儿脑重约 370 克，6 个月时为 700 克，约为出生时 2 倍，2 岁时约为出生时 3 倍，为成人脑重的 3/4，但体重仅为成人的 1/5，所以人类的大脑发育先于躯体的肌肉和骨骼发育。
- 个体神经细胞的复制和再生具有关键期。神经细胞的增殖期是从妊娠 3 个月至出生后 1 年，过了此时期不再复制和再生。
- 突触再生有巨大的潜力。神经细胞之间的信息通道是突触，突触数目在宝宝出生后迅速增加，2 岁左右的宝宝，突触的密度为成人的 1.5 倍。突触的连接，使得神经回路（相当于神经细胞之间的网络系统）迅速发育。突触和神经回路的形成受经验的影响，大脑受损伤后，其代偿机制不是神经细胞的再生，而是突触产生的巨大潜力，使未受损伤的神经细胞产生更多的突触，建立更丰富的神经回路，代替已损伤的细胞。在进行早期干预或康复活动时，突触总在进行着相互连接活动，使神经细胞之间建立起各种联系，使损伤大脑得到代偿。在生命的早期，大脑有巨大的可塑性，因此，早期干预越早，效果越好。

婴儿各阶段能力表现及早期干预内容

- 0—1 个月能力表现及干预内容

该月龄宝宝已经表现出很多令人惊奇的能力，他们会看、能听，有味觉、嗅觉、触觉，还有四肢和全身自然活动的能力，还有看不见的平衡感觉和运动感觉。

针对该月龄段的宝宝，家庭早期干预主要为粗大运动、精细运动和抓握反射的训练，增加感觉输入、视觉刺激、听觉刺激、触觉刺激、前庭觉刺激等，多和宝宝说话，通过宝宝的声音了解他的心情。宝宝会发出“呜”或“啊”，父母可用“嗯”“呃”“啊”来应答，声音要表现出愉悦感，这样不仅能增加宝宝的语言和社交练习，还有利于宝宝情感的健康发展。

- 1—2 月能力表现及干预内容

宝宝开始在社交场合露面，他会张开双臂，视野更宽广，他开始笑，还能发出更多的声音。

针对该月龄的宝宝，家庭早期干预可以通过俯趴练习、拉坐练习和抓握练习来促进宝宝的粗大动作和精细动作的发育。通过人脸注视练习、物体注视练习和彩色卡片练习来增加宝宝的感觉输入和视觉刺激，通过叫宝宝的名字、播放优美的音乐来增加宝宝的听觉刺激，通过抚触来增加其触觉刺激等。通过和宝宝聊天，增加宝宝发声的机会，让他发出咿呀声和叫喊声，并给他回应，还可以给宝宝唱歌、讲故事等。

- 3—4 个月能力表现及干预内容

这个阶段，我们称为互动阶段。

针对该月龄段的宝宝，家庭早期干预通过加入俯卧肘支撑练习、侧卧练习、双手抓握练习和留握物体练习等来进一步锻炼其粗大运动和精细运动。进一步增加感觉输入、视觉刺激、听觉刺激、触觉刺激等，使宝宝能够辨别声音传来的方向，提高双眼追踪物体、注意远处及小物体的能力，增强其适应能力。通过相互凝视、不同情境的沟通交流，进一步增强宝宝的语言及和人交往的意识。

- 5—6 个月能力表现及干预内容

从第 5 个月到第 6 个月是宝宝成长的一个过渡阶段。在这之前，他不能移动，不会坐着，也不能独立玩耍。接下来他们将学会翻身，坐，自喂食物等。

针对该月龄段的宝宝，家庭早期干预应该继续进行粗大运动及精细运动的训练，比如仰卧翻俯卧、前倾坐、单手抓玩具、双手分别留握玩具、撕纸等。同时可通过一些简单的日常训练来增强宝宝的适应能力，比如两手分别留握物体，玩具掉落会找，能拿掉脸上的小手帕等。在之前的基础上进一步增强宝宝的语言和社交能力，锻炼其对声音的敏感性，叫其名字应该有反应，能参与躲猫猫等简单游戏。

爱心提示：

早产儿出院后开始的家庭早期干预，可以通过按摩、被动操、主动运动训练等，促进宝宝的发展，减少发育风险。在随访和干预过程中，医生定期做神经运动检查，早期发现可疑脑瘫症状时，进行强化康复训练，可以对出现的肌张力和姿势异常进行抑制和消除，从而促进患儿能够正常发育。早期干预介入时间越早，效果越好。

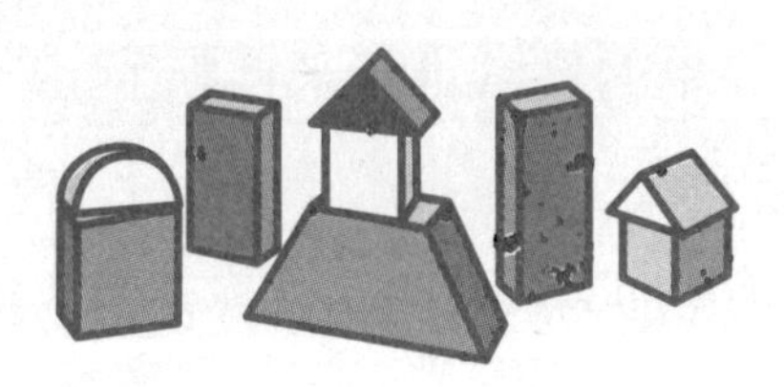

第二部分
宝宝健康成长

宝宝依恋的产生

家里的宝宝平时晚上都是跟奶奶睡的，以前很黏妈妈的，现在则黏着奶奶，什么事情都是“奶奶，奶奶”，何时能抱她，还要看她的心情。这让妈妈很失落。晚上临睡前，这个现象更是明显，宝宝不要妈妈抱，只要奶奶。宝宝这是怎么了？

其实这个问题牵涉了儿童情绪发展中的依恋与分离焦虑，也涉及了儿童的自主性发展，同时也和生活习惯的养成有关。从情绪发展上来看，婴幼儿在被抚养的过程中与亲近的照养者形成了紧密的依恋关系，而当与抚养者分离时，就开始表现出伤心、痛苦或拒绝，这种情绪的强烈程度是和儿童与抚养者之间的亲密程度直接相关的。

在这个案例中，随着断奶、妈妈开始恢复正常上班，奶奶成为与宝宝相处时间最长、同时也是满足宝宝各种生理、心理需要的最主要的提供者。通常宝宝在 9 个多月时表现出依恋和分离焦虑情绪，在 14—18 个月时处于高峰期，随着认知的发展，分离焦虑可以有一定程度的缓解。

另一方面，这个时期儿童的自主性和独立意识有了一定的发展，在很多事上开始有了自己的意见，并随着语言能力的发展，积极尝试将自己的意愿表达出来，所以会出现“要看他心情决定要不要妈妈陪伴”的现象，而且这一现象随年龄增长还会伴随“反抗行为”的发生，在 2—3 岁时达到第一个高峰期，我们称之为“第一反抗期”。

从养成教育来看，1 岁半左右的宝宝在许多生活习惯上已形成了一定的规律性，如晚上和奶奶一起睡觉，一旦养成习惯，宝宝就会将之固定下来，并在这种稳定的模式中获得自我安慰的满足感。当然妈妈也不用过于失落，虽然宝宝可以与几个不同身份的照养者建立起依恋关系，但大都是暂时的，而与父母尤其是母亲的依恋是一种长期稳定和深刻的关系，是其他关系难以替代的，当然在宝宝的成长过程中，母亲应该尽可能地参与其中，对孩子充满感情、善解其意，帮助他认识、探索世界，在他学习自主、独立，培养自尊、自信及发挥主动性、创造性的过程中，始终站在他的身后，成为安全的依靠，那么宝宝与你的依恋关系将是维持终生的。

0—1 岁宝宝的动作发展

0—1 岁宝宝动作发育的特点

宝宝刚出生，就已经有吮奶、蹬腿、张嘴哭的本能动作了，这些看似幼稚的动作却是宝宝发育的一个个里程碑，与他今后的心理、智力发育相辅相成。

宝宝的动作发育是遵循一定规律的。

- 头尾规律，动作发育是自上而下的。先会抬头，后双手取物，然后坐、爬、站和走。
- 正侧规律，离心脏近的躯干肌肉动作发育在前，肢体远端肌肉动作发育在后。先能抬肩，再发展到前臂、手腕，最后能用指尖捏物品。
- 动作从泛化到集中，从不协调到协调，逐步减少不必要的动作。
- 正面动作在前，反面动作在后；先学会用手抓东西，再学会放下；先会从坐到站，再会从站到坐；先会往前走，再会倒退走。

让我们一起来看看不同年龄阶段的宝宝们会取得哪些成就。

1 月：睡醒后有伸腰动作，趴着时试图抬头。

2 月：能抬头，能后靠在妈妈的怀里坐一会儿。

3 月：用双肘支起上半身，能从仰卧翻成俯卧，用手（靠前臂）触碰东西。

4 月：扶着能坐，能用手握玩具片刻。

5 月：自己会坐，扶腋下能站，能从身旁拿玩具，能一手拿一个。

6 月：会翻身，会坐直，扶前臂能站；用一手拿东西，手心能捏紧玩具。

7 月：能自己趴起上身，会爬，双手扶栏杆能站；会双手倒换玩具，会用一手的玩具去敲击或触碰另一手的玩具。

8 月：自己坐，自己躺，试图扶东西站起，扶一只手能站，会拍手，会摆弄碗筷和勺。

9 月：会从坐位跪起，会拉开抽屉拿玩具，自己站，扶双手能走。

10—11 月：自己能站，扶栏杆自己走；能将小包放入大包；能关门开门；能用两根手指捏起一根火柴。

如何促进 0—1 岁宝宝的动作发展

• 掌握动作发育的规律

宝宝每上一级新台阶都需要一段时间的巩固，如果宝宝刚会满地爬，就急忙让他学走路，宝宝不仅会步态蹒跚、跌跌撞撞，还会在骨骼发育不充分的情况下过早负重，导致 O 型腿、X 型腿等发育畸形，妨碍正常发育进程。

• 适当采取主动干预措施

宝宝能翻身后，尽可能创造机会让宝宝爬；发现宝宝正试着扶栏杆走路时，要让他多练，同时引导他逐步学会双手扶把走路。

• 与视觉形象结合

有意识地在宝宝生活环境中添置一些色彩鲜亮、能转动的小球或玩具等，宝宝不但爱看，还喜欢用手触碰，先是手舞足蹈，而后逐渐开始有伸手动作。比如宝宝无意碰到绳子时会看到上面的小球晃动，重复多次后宝宝就明白了其中的因果联系，学会伸手拉绳子的动作。如果宝宝摸不着小球，身体就会使劲向上挺，结果学会了坐；能坐后宝宝的活动范围更大了，学习新东西的机会也更多了。

0—1 岁宝宝精细动作的发展与训练

手的动作发展顺序

手的动作发育也称之为精细动作的发育。大约在 3 个月左右时，随着握持反射的消失，孩子开始出现无意识的抓握，这就标志着手的动作开始发育了。

孩子开始抓握时，往往是用手掌的尺侧（小拇指侧）握物，然后逐渐向桡侧（大拇指侧）发展，最后发展用手指握物，也就是说手的动作是从小拇指侧向大拇指侧发展的。

两个同样月龄的孩子，用靠近小拇指侧处取物的孩子，手的动作就没有用大拇指侧取物的那个孩子发育得好。此外，手的抓握往往是先会用中指对掌心一把抓，然后才会用拇指对食指钳捏。一个孩子如果能用拇指和食指取物，就表明他手的动作已经发育得相当好了。再次，孩子先能握物，然后才会主动放松，也就是说孩子先会拿起东西，然后才会把东西放到一处。大家都知道"心灵手巧"这一说法，这就说明手与脑的关系是非常密切的。大脑的发育使手的动作得到发展，反之，灵巧的手也能刺激大脑进一步发展。相信一个能在早期就得到良好教育的孩子，长大后一定会有一双灵巧的手和一个聪慧的大脑。

为何要训练宝宝的精细动作

科学研究表明，人的身体各部分均由大脑相应的区域来支配。相对而言，支配双手的脑区域是最大的。双手灵巧的人其相对应的大脑区域就较发达，结构较复杂。我们做过研究，在新生儿期戴过手套的孩子，其精细动作的发育落后于不戴手套的孩子，同时在发育上也受到一定的影响。因此在脑发育迅速的早期，做精细动作的训练无疑是促进宝宝脑发育的有效方法。除此之外，精细动作的训练还可提高宝宝的动手能力，提高宝宝的自信心和探索能力，为日后的发展打下良好的基础。

精细动作能力训练方法

- 1—4个月

手不仅是动作器官，而且是智慧的来源。多动手，大脑才能聪明，切不可怕宝宝抓脸便给他戴上手套，或捆起来不让动。应当创造条件，在不同生长发育阶段，让孩子充分地去抓、握、拍、打、敲、叩、击打、挖……使孩子心灵手巧。解开宝宝袋，让宝宝平躺在床上，自由挥动拳头，看自己的手，玩手，吸吮手。

- 4—6个月

够取悬吊的玩具：让宝宝够取用绳子系着的晃动的玩具，鼓励宝宝先用手摸，玩具可能被推得更远，再伸手，玩具可能又晃动起来……经过多次尝试，宝宝才能用两只手一前一后将它抱住。通常，要到5个月时宝宝才能用单手准确够取悬吊的玩具。

准确抓握：把宝宝抱至桌前，桌上放几种不同的玩具，让其练习抓握。每次持续3—5分钟，经常变换玩具，可以从大到小。让宝宝反复练习，并记录能准确抓握的次数。

见物伸手并朝物体接近：一人抱着宝宝，另一人在离宝宝 1 米处用玩具逗引他，观察他是否注意。待宝宝注意后，渐渐缩短距离，让他一伸手即可触到玩具。如果宝宝不会主动伸手朝玩具接近，可引导宝宝用手去抓握玩具，去触摸、摆弄玩具。

伸手抓握：将宝宝抱成坐位，面前放一些彩色小球等物品，物品可从大到小。开始训练时，物品放置在宝宝一伸手就能抓到的地方，慢慢移至远一点的地方，让他伸手抓握，再给第二个物品让他抓握，观察宝宝是否会把物品传给另一只手。

手指的运动：把一些带响的玩具（易于宝宝抓握）放在宝宝面前，首先让他发现，再引导他用手去抓握玩具。除继续训练他敲和摇的动作外，还可以训练宝宝做推、捡等动作，观察他的拇指和其他四指是否在相对的方向。

够取小物体：继续让宝宝练习够取小物体，物体要从大逐渐到小，从近逐渐到远，让宝宝练习从满手抓到用拇指和食指抓取。

扔掉再拿：让宝宝坐着，给他一些能抓住的小玩具，如小积木、小塑料玩具等，先让宝宝两手均抓住玩具（一件一件地给），然后再给他玩具，观察他是否会扔下手中的一个玩具，再拿起第三个玩具。

选择物体：可同时给宝宝 2—3 件种类相同但形状或颜色不同的玩具，让宝宝进行选择，以此初步建立“比较”“分类”的概念。

玩具倒手：在和宝宝玩玩具时有意识地连续向他的某只手递玩具或食物，大人示范并鼓励宝宝将手中的物品从一只手传到另一只手。

- 7—12 个月

抓握：把宝宝熟悉的积木块放在他面前（手能抓到的地方），训练他用拇指和其他手指配合抓起小积木，每日练习数次。

对击玩具：让宝宝手中拿一只带柄的塑料玩具，敲击另一只手中拿的积木，敲击发出声音时，家长鼓掌表扬。选择各种质地的玩具，让宝宝对击各种玩具，发出各种不用的声音，促进他手—眼—耳—脑感知觉能力的发展。

捏取：让宝宝练习用手捏取小的物品。开始时宝宝会用拇指、食指扒取，以后逐渐发展至用拇指和食指相对捏起，每日可训练数次。成人在陪宝宝做这个游戏时，要时刻小心避免宝宝将小物品塞进嘴巴、鼻子，离开时要将小物品收拾好。使用拇指、食指捏取小物品，这是人类才具有的高难度动作，标志着大脑的发展水平。

食指的技巧：宝宝会用食指深入洞内钩取小物品。如果棉被或睡袋有细缝，有的宝宝就会把食指伸进去钩出棉花。用食指拨玩具可以让宝宝的食指发挥最大的功能，可鼓励宝宝用食指拨转盘、拨球滚动、按按键等。小药瓶也有用，可以在小药瓶里放些小纸球等，让宝宝用食指钩出来；但瓶口要大于 2 厘米，防止手指伸入后拔不出来。

放手：和宝宝玩多种玩具，训练他有意识地将手中玩具或其他物品放在指定的地方，家长可给予示范，让其模仿，并反复地用语言示意他“把 ×× 放下，放在 ×× 上”。由握紧到放手，使手的动作受意志控制，这样宝宝手—眼—脑的协调能力又进了一步。

投入：在宝宝能有意识将手中的物品放下的基础上，训练宝宝将小物品投入到大的容器中，如将积木放入盒子内，反复练习。

滚筒：将圆柱形的滚筒（饮料瓶也可代替）放在地上，让宝宝用两只手推动它向前滚动，待他熟练后，再让他用一只手推动滚筒，并把它滚到指定地点。做对了，给予鼓励。让宝宝在游戏中逐渐建立起圆柱形物体能滚动的概念。

乱涂乱画：可给宝宝笔和纸，笔以彩色蜡笔为宜，先扶着他的手学握笔，再随意涂鸦，以后宝宝就会经常练习“作画”。

将书打开又合上：经常亲子阅读的宝宝，懂得将书打开再合上。亲子阅读的过程中，不仅是亲子陪伴的好时光，也是训练宝宝翻书页、提高宝宝专注力的好时机。给宝宝看的书最好画面大一些，字少一些，故事要有趣。

0—1 岁宝宝的语言发展

一岁以内还是宝宝的口语准备阶段。这个时期也是宝宝语音听觉发展的关键期。

0—1 岁宝宝语言发展的特点

- 先懂词音，后懂词义：如先听懂“再见”，再从成人手势理解其意思。
- 先自由发音，后模仿发音。
- 喜欢用手势代替口语。

刚出生的宝宝：用各种声调的哭声表示饥饿、寒冷、不适及需要爱抚。

2—3 个月的宝宝：能微笑；边注视母亲的身影移动，边发出和谐的喉音。

4—6 个月的宝宝：被逗时会咯咯笑，会自己发出咿咿呀呀的声音。

6—7 个月的宝宝：喃喃发出单调的音节，如“ba”“ma”，但都属于无意识的自语。

7—8 个月的宝宝：开始重复“baba”“mama”“dada”“nana”等音节，能随成人发这些音，并在词意和熟悉的人、物间形成条件联系。

9—12 个月的宝宝：懂几个比较复杂的词意，如“亲亲妈妈”和“爸爸再见”，能用简单的词表达意思。

如何促进 0—1 岁宝宝的语言发展

• 创造良好的环境

鼓励宝宝多发声音，尽快完成从元音、多辅音、连续音节到唇舌音的过渡。爸爸妈妈发音要简单、清晰，方便宝宝模仿。开始可以使用“低龄化语言”，如把“帽子”说成“帽帽”，但随着宝宝模仿能力的提高，就要逐步纠正为“帽子”。当宝宝急于表达自己的意思时，爸爸妈妈应扮演热心听众，不要不耐烦，不要处处纠正，应边听边赞赏。

• 运用多种方式

给宝宝讲故事、给宝宝念儿歌，逗弄他玩玩舌头，锻炼舌头的灵活性……不同游戏方法应交叉应用。

• 语言和动作相结合

提供言语指令的同时配合某些动作。如果爸爸妈妈边说边表演，带些夸张逗趣，宝宝将乐此不疲。和宝宝交流时，尽量面对面，让宝宝看清爸爸妈妈的表情和口型。

如何促进宝宝的视觉发育

1 个月的宝宝

将色彩鲜艳带响声的玩具，放在宝宝前方距离眼睛 25 厘米处，边摇边缓慢移动，吸引宝宝的视线随着玩具和响声移动。坐在宝宝对面，一边喊他的小名一边移动大人的脸，让宝宝注视大人的脸并随之移动。

2 个月的宝宝

大人将红球、铃铛或其他色彩鲜艳的玩具拿到宝宝面前，待引起宝宝注视后再缓慢移动物体，吸引宝宝的眼睛跟着物体移动，提高他的注意力。也可试着给宝宝看一些图片，提高宝宝的注视力。

3 个月的宝宝

当宝宝在床上仰卧时，大人用红绒球或色彩鲜艳的物体，在宝宝眼前缓慢地左右来回移动，吸引宝宝追视红绒球。

4 个月的宝宝

宝宝仰卧，用细绳在宝宝眼前系一晃动的玩具，锻炼宝宝的视觉和够取物体的能力。

5 个月的宝宝

让带响的玩具从宝宝的眼前落地，发出声音，观察宝宝是否用眼睛追随这个玩具，并伸头转身寻找。如果宝宝能随声音追寻玩具，就将玩具捡起给他以示鼓励。

6 个月后的宝宝

经常给宝宝看一些形象逼真的玩具和图片，并告诉他图片的名称，逗引宝宝用眼睛去寻找，用手去指，反复练习可促进宝宝的听觉、视觉和动作协调发展。父母还可以拿着玩具和宝宝玩“躲猫猫”。先在宝宝眼前摇晃彩色玩具，然后将玩具藏到身后。在宝宝疑惑玩具怎么不见了时，再猛地将玩具在宝宝眼前亮出来。当玩具瞬间出现在宝宝眼前时，他会一下子变得高兴。

如何促进宝宝的听觉发育

婴儿的神经系统和听觉器官还远远没有发育成熟，任何外来的不良因素都可能使这种发展受到干扰甚至破坏，所以宝宝听力的发展必须在保护中进行。

保护宝宝的听觉

- 积极防病

诸如麻疹、流行性脑膜炎、乙型脑炎、中耳炎等，均会不同程度地损伤婴儿的听觉器官，进而造成听觉障碍。针对此类疾病，最主要也是最有效的预防措施是按照计划免疫程序打好防疫针。

- 慎重用药

不少药物具有耳毒性，特别是抗生素，如链霉素、庆大霉素、氯霉素等。

- 尽量避开噪声

婴儿的听觉器官发育不完善，外耳道短而窄，加之耳膜薄，不能耐受过强的声音刺激。尤其是尖锐噪声，会损伤婴儿柔嫩的听觉器官而削弱听觉，甚至引起噪声性耳聋。

- 不要随意掏挖耳朵

耳屎是有一定生理作用的，不少爸爸妈妈将其误认作废物，常常掏挖小宝宝的耳朵，殊不知婴儿耳道发育不成熟，多呈扁平缝隙状，皮肤娇嫩，稍有不慎，轻者弄伤皮肤导致感染，重者掏破鼓膜，造成听力损失。当然，耳屎多了也不好，但随着咀嚼、张口或打哈欠，一般可借助下颌等关节的运动而自行脱落。实在因“油耳”或耳屎过大阻塞耳道影响听力时，应请医生处理。

促进宝宝的听觉发育

- 多让宝宝听生活中的声音

走路声、开门声、流水声、扫地声、说话声、汽车声、飞机声、风声、雨声等，这些自然环境的声音对促进宝宝的听力发育十分有益。太过嘈杂的噪音，如工地施工的声音、机器的噪声等，会对宝宝的听力造成一定的损害，生活中要注意避开。

- 多对宝宝进行听力训练

妈妈抱宝宝时最好采用左手抱的姿势，让宝宝尽量靠近妈妈的心脏，以便清晰地听到妈妈的心跳声。

可以在新生儿的小床上系上不同音质或音调的发声玩具，刺激他的听力细胞，促进听力发育。

平时多和宝宝轻声说话，用不同的语气和宝宝说话。

哼唱或播放一些节奏舒缓、旋律优美的经典音乐。

在家里的阳台上挂一只风铃，让风吹动风铃发出悦耳的声音。

给宝宝听各种玩具，如拨浪鼓、八音盒、橡胶玩具等发出的声音。

让宝宝听铃铛、喇叭声，区分它们的不同。

引导宝宝分辨爸爸、妈妈及家里其他人的脚步声和说话声。

引导宝宝分辨家里人和陌生人的声音，分辨男人和女人的声音。

让宝宝分辨各种动物的叫声。

如何训练宝宝爬行

爬行是宝宝运动生涯中的一个重要里程碑，宝宝的爬行训练对未来的平衡感发展以及手眼协调能力、粗细动作发展都很有益处。

爬行前的准备

- 上肢准备

鼓励宝宝俯卧抬头两臂撑起上半身，可用镜子、玩具、画报、人脸等逗引宝宝抬头。宝宝出生 30 天后可以开始适当练习，每天分开练习 3—4 次。

- 单臂支撑体重

当宝宝学会上述动作后，可在其俯卧时，用玩具在他一侧手臂上方逗引他够玩具，两臂可轮流练习。还可以让宝宝俯卧在床边，您在床沿，把两手掌向上，垫在宝宝的掌下，前面用玩具逗引，交叉移动你的手掌，带动宝宝两臂交叉运动。

- 下肢准备

3—4 个月左右，可将宝宝跪抱在你的大腿上，或当你仰卧时，让他跪在你的体侧，手扶着你的身体；可和他一起看画报、念儿歌、玩玩具，让宝宝锻炼膝部的支撑力量。还可以做两腿交叉运动，在宝宝腹下垫上枕头让他呈俯卧位，你用双手抓住宝宝踝部，做两腿的前后交叉运动。

- 抵足爬行

让宝宝俯卧在床上，父母用手掌顶住宝宝的脚，宝宝就会自动地蹬住你的手往前爬。开始时宝宝可能还不会用手使劲，整个身子也不能抬高离开床，大人不妨从旁扶助他的身子，必要时可用一点外力帮助孩子前进。每天练习 2—4 次，每次爬行 2—4 米，要天天坚持。

- 四肢协调爬行

训练宝宝用手和膝盖爬行，将宝宝的肚子托起，把腿交替性地在腹部下一推一出，每天练习数次。然后在前面放一些玩具来吸引他，宝宝会使出全身的劲向前匍匐爬行。开始可能不会前进，反而后退，这时要用力顶住宝宝的双腿，给他一点支持力，由此宝宝会逐渐学会用手和膝盖爬行的动作。

爬行训练

宝宝会爬以后，训练要点就要转向宝宝对方位辨别控制和平衡能力的掌握上了。

- 转向爬：先把有趣的玩具给宝宝玩一会儿，然后当着他的面把玩具藏在他的身后，引导宝宝转向爬。
- 爬行小路：把一小块地毯、泡沫地垫、麻质的擦脚垫、毛巾等物品排列起来，形成一条有趣的小路，让宝宝沿着“小路”爬，体会物品的不同质地。
- 攀爬椅子：鼓励宝宝从地面爬行进展到爬上椅子，这是建立立体空间概念的最佳练习机会，亦可强化宝宝的手部和腿部力量。在攀爬时宝宝摔倒也没有关系，宝宝可以从经验中学到如何避免危险的本领。父母要注意保护。
- 翻筋斗：1 岁多的宝宝会试着弯下腰，从两腿间探看世界，这时可顺便抓住其大腿和腰部，协助宝宝完成被动式的翻滚。翻筋斗可训练宝宝的平衡感，并使他的手脚力量更加强劲。

1—2 岁宝宝的动作发展

1—2 岁宝宝动作发展的特点

宝宝长到 1 岁时，动作发展上最大的变化就是从站稳、学着迈步到独立自由行走，但大多数宝宝要到 15 个月才能独立自由行走。

刚开始时宝宝可能需要成人牵着他的手走，也可扶墙或栏杆行走，渐渐可独自往前摇摇晃晃地走两三步，能在行走中停住再开步走，一般不出 3 个月就能独自行走了。

宝宝到 1 岁半就能行走自如，能拖拉玩具车或者倒退走，能够单腿迈步上下台阶，双脚跳跃则要等到 2 岁左右才会。宝宝 1 岁以后手指的精细动作也有了很大的发展，能做许多细小的动作了。

1 岁半时宝宝可以自己拿杯子喝水；拿着勺子吃饭，尽管动作还不是很协调，会吃的到处都是；还能够拿着笔在纸上乱涂乱画。

如何促进 1—2 岁宝宝的动作发展

1—2 岁是宝宝各种动作里程碑式发展最多的阶段。在这个阶段，宝宝除了继续练习巩固爬、站等基本动作外，还要学习走、跑、跳、下蹲、攀爬等大动作。

宝宝刚开始学走路的时候，父母可以先用双手牵着宝宝走，然后单手牵着他走，也可以利用小推车、椅子等来训练宝宝走路。

待宝宝走得较稳之后，可以选择拖拉玩具以增强其行走的乐趣。待到宝宝能够走稳后可以和他玩扔球、捡球、踢球的游戏，帮助他练习弯腰、蹲下、捡、快走等全身动作，还可促进手眼协调能力。

1—2 岁宝宝精细动作的发展与训练

宝宝手的精细动作的训练非常重要，可以选择积木、拼板、插片等，使宝宝手指功能和思维都得到锻炼。也可以让宝宝学着自己吃饭，尽管他会把饭菜洒得到处都是。

1—2 岁宝宝精细动作训练方法

这个时期宝宝开始有了主动性，应和宝宝开展多种动手游戏，以促进手—眼—脑协调能力的快速发展。

- 盖盖子，配盖子

将用过的盒子、瓶子、杯子等当作玩具。家长先示范打开一个瓶盖，再盖上。然后让宝宝模仿。宝宝打开一个，再盖上，家长再给他另一个不同瓶盖，请他打开再盖上。练得熟练后，再让宝宝练习给不同大小形状的瓶子配盖。盖子只要能盖上就行，不用强求宝宝拧上，拧这个动作对这个年龄的宝宝来说有难度。

- 倒核桃、捡核桃

备两个广口瓶（不宜用易碎的玻璃瓶），其中一个放上核桃数个。让宝宝练习倒核桃，从一个瓶子倒进另一个瓶子里。开始时，家长可以扶住瓶，以免瓶子倾倒。如果宝宝能把核桃都倒进另一个瓶子里，就拍手鼓励他。为了安全，保证核桃的直径在 4 厘米以上。

- 搭高楼

搭积木是宝宝空间知觉和手—眼—脑协调发展的重要标志。刚开始搭积木时，宝宝可能会放歪积木，家长在旁稍微扶一下，待宝宝成功搭上积木后，家长要拍手给予表扬，以增强宝宝搭高楼的兴趣，获得成功的满足感。

- 插片

此游戏需要更高的协调能力和手部小肌肉关节的协同作用来完成。家长先示范，由简单到复杂，让宝宝学着插插片。

• 接龙

用积木接龙，大人先示范，后让宝宝自己试着把积木挨着排列。也可以称之为接火车，待宝宝完成后，予以鼓励和赞扬。

• 穿珠子

家长先示范，然后扶着宝宝的双手，让他试着自己穿珠子。如果宝宝年龄小，可以让他先试着用绳子穿塑料小环，待熟练后，再尝试穿珠子。

• 用手指将小球投入杯内

大人先示范用拇指和食指拿稳小球，拿到杯口时说“放开”，让小球落入杯内。宝宝拿球时，大人也告诉他拿到杯口时“放开”。当宝宝第一次成功时，家长点头表示赞同，并引导宝宝继续将桌上4—5个球准确地放入杯内。这是协调手—眼—脑的训练。

• 开门

会拧开门把，推开门，或者会拉开横栓，打开柜门。

• 倒来倒去

会用手泼水或用塑料小碗装满水倒来倒去。洗澡的时候，可以在澡盆里放几个小瓶小碗，引导宝宝将小瓶小碗装满水让它们沉到水面下，再将水倒空使小瓶小碗浮在水面上。

• 玩沙

用玩具小铲将沙土装进小桶内，或者用小碗将沙土盛满倒扣过来做成馒头状。孩子玩的沙土要先筛除石头和碎玻璃等杂物，再用水冲洗净。每次玩之前要用带喷头的水壶将沙土稍微浇湿，以免尘土飞扬。玩耍完毕用塑料布将沙土盖上。玩沙是促进皮肤触觉统合能力发展的重要方法之一。

• 拼图

拼图是一种很好的训练手部精细动作的方式，家长可将一幅图如人像或一个水果剪成两片或三片，让孩子试着拼图，你先示范，然后让孩子模仿。

- 玩套叠玩具

套碗、套塔、套桶等是一种按大小次序拆开和安上的玩具。大人可以示范指导孩子按次序装拆，孩子会聚精会神地自己尝试。既培养了专注能力，又学会了大小的顺序。孩子通过操作，不仅能锻炼手部精细动作，还能体会大小概念、次序和空间感。

1—2 岁宝宝的语言发展

1—2 岁宝宝语言发展的特点

宝宝 1 岁到 1 岁半期间，语言的发展主要还是对言语的理解，能说出的词还比较少，一般都是单字词，多为单音重复，如妈妈、奶奶、灯灯、谢谢等，这个阶段宝宝常用同一个词代表许多不同意思，以词代句，词义的精确性还较低。

如宝宝叫“妈妈”，可能是在和妈妈打招呼，也可能是要妈妈抱，还可能是要妈妈给他吃。随着年龄增长，宝宝的词汇量也明显增多，一般 1 岁半的宝宝能说出 10 个左右的词。

1 岁半的孩子进入简单句阶段，也就是所谓的“电报句”阶段，这时宝宝会说 3—5 个字组成的句子，非常简练，就像成人打电报时的语言，如“妈妈抱”“宝宝吃”等，并能与家长进行简单的语言交流。一般宝宝 19 个月以后会出现一个“语言爆发期”，一下子会说 50 多个词，到了 2 岁，可开始正确使用“我”和“你”了。

如何促进1—2岁宝宝的语言能力

宝宝1岁到1岁半的时候能说出的词还比较少，这时需要多和宝宝说话，千万不要认为宝宝什么都不懂就不和他交流。与宝宝说话的时候逐渐开始少用“吃饭饭”“睡觉觉”等小儿用语，并且要看着他说话，把你的语言和事件、物品、动作配合起来，有利于他把字音、字义和实际生活联系起来。

家长除了要做“爱唠叨”的父母，还要学会用心聆听宝宝说话，不论宝宝发音是否清晰明白，都要及时予以回应，鼓励他多说话。

也可以在临睡前念故事给宝宝听，一个故事最好重复几遍，让宝宝学着复述故事，家长说一句，宝宝跟一句，宝宝讲得不完整，可立即帮他纠正并给予及时的鼓励，也可以向他提出问题，让他看图讲给家长听。

平时要为宝宝提供与其他孩子交流玩耍的机会，在玩耍中宝宝将学会如何更好地表达自己的想法，同时能提高宝宝的社会交往能力。

1岁半的宝宝为什么特别难带

宝宝在1岁以后开始迅速掌握各种技能，逐渐获得行为的独立性，有了自己的独立愿望，自我意识也迅猛发展。

而在1岁半以后，这种独立意愿随着行为能力和语言能力的迅速提高而愈加强烈，家长往往发现孩子以前很顺从，现在却开始会对家长说“不”，而且是越限制就越违拗，再大一些更是进入了人生的“第一反抗期”。

我们应该看到，这是每个孩子成长过程的必经阶段，虽然其具体表现会受到孩子气质类型的影响而不尽相同。但这一现象的出现，表明我们的宝宝在迅速发展独立性，作为家长我们应该鼓励孩子表达自己的意愿，在孩子与自己的意愿冲突时，不要蛮横地让孩子屈从，可以通过转移注意力使孩子脱离冲突情境，或是在你能接受的两种解决方案中让孩子进行自主选择，这样既保护了孩子的独立性、自主性，又能使事情向着你期望的方向发展。

2—3 岁宝宝精细动作的发展与训练

在这个阶段，如果能对宝宝的很多精细动作加以训练，宝宝的精细动作能得到飞跃式的发展。

2—3 岁宝宝精细动作的训练方法

- 拍气球

给宝宝准备一个气球，指导宝宝把气球向上拍。当气球要落下来时，宝宝用力一拍，气球又飘上去；待要落下来时，又拍上去，让气球保持不落地。这个游戏能训练宝宝的跑、跳动作，又能训练宝宝手的运动能力。气球里的气不要太充足，以免爆开。

- 拼插玩具

给宝宝准备一些拼插玩具，让宝宝在成人的协助下练习拼插圆圈、盘子、花、大炮、房子等。鼓励宝宝给作品命名，如圆圈可以当作花环戴在头上，作为项链挂在脖子上，也可以作为手链戴在手腕上等。这个游戏能促进宝宝手腕精细动作的发展，也能激发宝宝的想象力。

- 玩七巧板

七巧板由七块几何图形组成，成人要引导宝宝利用七个几何图形摆出各种图案。这个游戏不仅能发展宝宝的手指精细动作，而且能训练宝宝的想象力和思维能力。

• 定形撕纸

将白纸在缝纫机上轧出条状或者圆形、三角形、长方形以及其他图形的针脚孔，教宝宝沿着针脚孔把纸撕成各种形状。这个游戏能锻炼宝宝手眼配合的技巧。

• 用杯子倒水

宝宝的手越来越能干了，现在可以用两个杯子倒水。将一个杯子中的水倒入另一个杯子，如果一时做不好可以选用口径大一点的塑料杯子，杯子中只装一半的水。

• 花样穿珠

为宝宝准备一些形状不同、颜色各异的珠子，和宝宝比赛穿珠子。告诉宝宝穿珠的时候，可以利用珠子的颜色或形状，按一定的规律穿珠。

• 投物进瓶口

准备一个小口径的瓶以及几十个插片或者黄豆，让宝宝把这些小物品一个一个快速投放到瓶口中。可以给宝宝计时，看他一分钟能投放多少个。这个游戏能培养宝宝的注意力和手指的灵活性。

• 开关小盒子

找一些打开方式不同的小盒子，在里面装一些小物品，盖好盒子，然后用手摇动盒子，让宝宝听里面发出的声音。告诉宝宝每个盒子里都藏了一个物品，鼓励宝宝自己想办法打开盒子。这个游戏能训练宝宝手指的灵活性，培养宝宝发现问题和解决问题的能力。

• 粘贴动物

给宝宝准备一些彩色胶带纸片或者彩色粘纸，然后在一大张白纸上画上一个动物轮廓，指导宝宝将彩色胶带纸或粘纸贴在动物轮廓内。等宝宝大一些，可以提供普通的彩色碎纸片，让宝宝用胶水将纸片贴在白纸上。这个游戏能锻炼宝宝手眼协调能力，提高手的技巧。

- 学用剪刀

给宝宝准备一把儿童专用的钝头剪刀或塑料剪刀，让宝宝学习使用，初学时可以替宝宝将纸剪开个小口。在使用过程中，家长要在旁边监护。学习使用剪刀能锻炼手的技巧，也是宝宝学会使用工具的一个途径。

3 岁真的能看到老吗

2—3 岁是孩子形成个性的初始时期。在这个阶段，宝宝的语言、行为能力快速提高，并在与成人、同伴的互动中，宝宝开始逐渐建立独立性、自信心、自尊心及道德意识等人类的高级情感和行为特征，俗话所说的“三岁看老”具有一定的儿童发展心理依据。

在这一过程中，我们应该重视家庭教养方式对孩子个性形成的影响。有些家庭，由于过度溺爱或过度保护，使孩子任性、幼稚、无规矩或缺乏独立性、情绪不稳定、被动、依赖、缺乏社交能力；而有些家庭，由于父母工作、生活等压力过大或工作繁忙无暇分身，在教养过程中表现为严厉、专制或忽视、冷漠、不关心，其结果是使孩子缺乏自尊、自信，缺乏主动性、独立性及社交能力，或没有安全感、冷酷、冲动、具有攻击性。

教养观念的统一与否，也对孩子良好个性的形成具有重要影响。一个满是分歧对立的家庭，往往使孩子警惕性很高，善于两面讨好、易说谎、投机取巧；而一个破裂或关系紧张的家庭，则容易让孩子长期处于孤独、悲观、恐惧和焦虑的情绪中，甚至出现人格障碍。

真正有利孩子个性形成的家庭教养模式，应对孩子有恰当的要求和控制，即控制同时又充满温暖，既对孩子有明确的限制又允许孩子有个人需要，在孩子犯错时不体罚，而采用“隔离”来进行有效的惩罚。

家长经常参与孩子的活动，愿意与孩子交流，并及时与老师沟通；家庭关系融洽，教育观念统一，处于这样的家庭中，孩子才会自信、有较高的自尊和独立性，善于合作、交往，乐观友善、心理健康。

宝宝玩自己的“小鸡鸡”，怎么办

这是许多家长会忧心忡忡的事，因为他们发现在给宝宝换尿布的时候，宝宝会触摸自己的生殖器官，有时还会发生勃起。其实这完全是正常现象——探索人体是每个个体的本能，即使是刚出生的小婴儿。

具体来说，让家长紧张的不是宝宝触摸生殖器，而是这背后所代表的“性意识”。但我们的孩子对性别的认定，往往到3岁左右才开始，而令父母所紧张的“性幻想”更是要临近或进入青春期才有，千万不要给宝宝随便扣帽子。

那么家长们该如何应对宝宝的这种行为呢？您的声音、用词和面部表情是宝宝性别教育的第一课。在宝宝3岁形成“男女有别”的意识前，在上厕所、洗澡等环境下适度暴露人体，有利于满足孩子对人体构造的好奇，形成正确的性别意识，但又不至于产生相关的联想。

爱心提示：

年龄界限的把握和家长平和淡定的反应是非常关键的，这能让孩子感到对自己身体的好奇只是成长中正常的过程。

男宝宝的包皮卫生管理

如果您家的宝宝错过了新生儿期包皮环切术，包皮卫生的管理就显得尤为重要。

包皮卫生管理

在生下来的头几个月里，只需要用水或肥皂清洗宝宝的包皮就可以了，无须使用酒精棉球或其他抗菌产品。如果包皮仍然和龟头粘连在一起，没必要强行上翻包皮清洗。

在最初的几年里，宝宝的包皮会逐渐与龟头分离。何时分离因人而异，有的可以在几周内，有的要几个月，甚至也可能几年。绝大多数宝宝是在出生一段时间后分离的，也有些宝宝在出生后不久、甚至出生前包皮就处于分离状态，但这是极其少见的。一旦包皮和龟头分离，就可以上翻包皮了。绝大部分男宝宝在 5 岁以前包皮是可以上翻的，仅少部分会到十几岁的时候才能够上翻。切不可强行分离包皮，因为强行分离包皮会导致疼痛、出血、包皮撕裂，甚至感染。

包皮上翻后，就能看到包皮和龟头之间的白色物，有时透过包皮也可以摸到像珍珠样大小的小肿块，这就是包皮垢。包皮垢是包皮内的皮脂腺分泌的皮脂不断积聚形成的，是正常现象，不必过于担心。包皮口狭窄的儿童，由于尿液会蓄留在包皮和龟头的间隙中，与包皮垢接触后发生化学反应，出现异味，这并非是感染。但是长期包皮垢存留，与尿液接触，又可能继发包皮感染。

应教会孩子保持包皮清洁。在青春期前，需经常翻开宝宝包皮用温水清洗，保持清洁。青春期后，因代谢旺盛，需每日翻开包皮清洗，防止感染。

清洗包皮

- 轻柔地从龟头处开始向后上翻包皮。第一次上翻包皮时，宝宝可能会紧张，家长需要足够耐心让宝宝做好充分的心理准备。可以让宝宝自己翻，尝试着翻一部分，不需要一步到位至冠状沟。
- 用温水和肥皂清洗包皮和龟头。
- 清洗完毕后，务必复位上翻的包皮，防止包皮嵌顿、水肿。

爱心提示：

当发现包皮明显过长、包皮口狭窄，包皮不能上翻、尿线细，排尿时觉得不舒服、包皮变得红肿时，应当及时就医。

相关链接

研究发现，切除包皮比保留包皮有更多的好处，比如可以减少尿路感染的发生，减少罹患阴茎癌和前列腺癌的风险，以及降低性传播疾病和HPV人乳头瘤病毒的感染风险。包皮环切术没有年龄限制，出于方便考虑，大多数的包皮环切术通常在新生儿（足月或早产）出院前进行。

新生儿期施行包皮环切术的优势在于：采用局麻，无麻醉风险；无须禁食；无须限制宝宝活动；无疼痛记忆。

入园入托，减轻宝宝的分离焦虑

每年入园入托季，幼儿园门口总上演着“门内娃哭、门外妈抹泪”的悲情剧。

其实处理2—3岁宝宝的情绪问题，长篇大论往往很难收到效果。对于这种可预见的情感创伤或危机，我们可以提前防范，通过游戏的方法帮助宝宝减轻分离焦虑。

一般开学前，幼儿园都会安排家长和宝宝一起参观、了解幼儿园，家长们记得和老师沟通，了解幼儿园里的一日作息，回家后和宝宝一起自制一本《上幼儿园》的图书，一幅画对应一段简单的文字。

比如家长写文字“宝宝开心地与妈妈说再见，牵着老师的手进教室”，然后引导宝宝画出自己穿着新衣新鞋来到幼儿园门口与家长告别的画面；家长写文字“这杯子和家里的不一样，真有趣”，引导宝宝画出自己端着杯子喝水的画面……

把宝宝可能会发生焦虑的事件以图文方式呈现，不用多，5—6张即可。文字尽量简单，但传递愉快的情绪。图和文字不仅提供了问题的解决方法，更通过愉快的表情和文字给予宝宝一种心理暗示，幼儿园生活是快乐的。

还有一点很重要，千万别忘记画出家长来接宝宝回家的故事画面，这是让宝宝获得安全感的重要方法。

爱心提示：

这种办法，不仅可使用于开学前，同时也适用于搬家、转校等可预见的危机处理。

宝宝入托需要谨防哪些高发病

每年的入学开园，也是各种疾病的高发期，流感、秋季腹泻、疱疹性咽峡炎、手足口病等，都是托幼机构中常见的疾病。

上述疾病均由病毒引起，与夏秋交替时温差变化大、人体抵抗力下降有关，也与许多病毒怕热喜冷的特点有关。

如何预防

- 预防有传染性的手足口病、流感等，要注意避免带宝宝去人多封闭的场所，避免与传染源接触；注意个人卫生，勤洗手，可避免腹泻等消化道疾病。
- 提高自身抵抗力，坚持用冷水洗脸，可以减少患上感冒、支气管炎、肺炎等呼吸道疾病的概率。
- 加强锻炼，在保证宝宝充足睡眠的同时，鼓励他经常参与他喜欢的运动项目，加强身体锻炼，提高身体免疫力。
- 注意饮食营养的均衡，避免挑食偏食的行为。平时做菜时，可以适当加入含有植物杀菌素的大蒜、葱、姜等，以及富含胡萝卜素的食物和富含维生素 C 的食物，这都对提高宝宝抵抗力十分有帮助。
- 给宝宝穿开衫，这能让他根据气温方便地穿脱衣服。
- 勤剪指甲，指甲缝里很容易残留各种病菌，而揉眼、挖鼻、摸脸等小动作是比脏手吃东西更容易被忽视的传播途径。

大多数病毒感染都有自限性，在发病过程中，只要针对发热、腹泻、皮疹等症状进行对症处理就行，但要密切观察孩子的精神状态、呕吐腹泻的频次、皮疹的蔓延情况，如有加重必须及时就医。

宝宝注意力发展的特点

注意分有意注意和无意注意。有意注意是自觉的、有目的的注意，需一定的努力；而无意注意是自发的。譬如，宝宝看书、认字，这就需要有意注意，而突然室外有鞭炮声，宝宝被吸引去看放鞭炮，这就是无意注意。有意注意的水平与儿童神经系统的发育密切相关，婴幼儿大脑皮质的发育还不成熟，大多以无意注意为主。

新生儿的注意具有一定的选择性，对简单鲜明的图案的注意时间比较长，而对灰暗、较复杂的图案注意时间短，对人脸的注意多于对其他物体的注意，但是注意维持时间也只有数秒钟。

3 个月的婴儿已能有意识地注意人脸和说话声，但时间也很短。随年龄的增长，有意注意能力得到迅速发展，但是总的来说，注意的稳定性较差，容易受外界因素的干扰而分散、转移，一直到小学低年级，孩子的有意注意仍然经常带有情绪色彩，任何新奇的刺激都会引起他们的兴奋，分散他们的注意力；到了小学高年级才逐渐自觉起来。

宝宝维持注意力集中的时间

5—6 岁时宝宝才能开始控制自己的注意力，但一直到小学低年级，任何新奇的刺激都会引起他们的兴奋，分散他们的注意力。

一般而言，5—7 岁的宝宝集中注意的平均时间为 15 分钟左右，7—10 岁为 20 分钟，10—12 岁为 25 分钟左右，12 岁以后为 30 分钟。宝宝的注意力是能够通过培养而加强的，但应符合宝宝的年龄特点，切忌“疲劳轰炸”，要经常用新奇、生动的内容来引起他的兴趣和注意，尽量排除外界干扰，为他创造良好的环境。

在生活中训练宝宝的注意力

• 提供安静的环境。此外，在宝宝专注于学习时，大人不宜随便打搅，应在告一段落时，再提出要求。

• 陪伴宝宝需有技巧，若是宝宝无法独立完成学习，大人可在旁陪伴、协助，但切忌给予过多干预。

• 用静态的游戏延续注意力，拼图、穿珠子等静态游戏可以从简单的开始，再慢慢加大游戏难度，延长游戏时间，从而培养宝宝的耐性，促进注意力的专注度。

• 一开始，只要宝宝能保持 1 分钟的专注，就予以称赞，再逐渐延长到一次 5 分钟、10 分钟。赞赏、鼓励是促进宝宝学习的重要因素。

• 从宝宝感兴趣的事着手。

• 为宝宝提供一个属于自己的角落，在学习物归原处、整理个人物品的过程中，宝宝会逐渐建立秩序感。在日常生活作息上也要有规律，逐步建立生活规范。在执行过程中，家长要严格而不严厉。

• 加强宝宝意志品质的锻炼，培养他形成有始有终做好每件事的良好习惯。

宝宝入学准备，提升注意力

注意力训练小方法

• 找地图

准备一幅地图，让宝宝在地图上寻找某个标注的地点，家长可以和宝宝比赛，看谁先找到。

• 找数字

准备一张 5×5 的空白表格，将 1—25 的数字打乱顺序随机填入表格中，要求宝宝用最快的速度按顺序找出 1—25 这些数字（边读边准确指出这些数字），同时记录每次完成所用的时间。家长可以多准备几张训练用的数字表格（每张表格中的数字排列顺序都不相同），重复进行训练。还可以制作 1—50 的数字表格或英文字母表格，开展找数字或找字母的训练。

• 圈字训练

准备圈字表，将 0—9 之间的 10 个数字随机排列成方阵（如下图）。

6598723154893287123622

3894023647896523483577

9516483452347652901355

8763287512398405677644

5138053031957746523855

4712487654987656378499

0028537658128759634511

2376594756902758920477

6022385760789830676833

然后就可以给宝宝提出要求了，如请用笔把所有的 7 圈出来，用绿色笔将 2 左边的 9 圈出来，用红笔把 8 两侧的数字圈出来……

• 听写训练

准备多个宝宝不熟悉的电话号码，家长将电话号码读一遍，让宝宝在纸上尽快写下听到的电话号码，并检验其准确性。

• 朗读训练

引导宝宝每天坚持大声朗读自己熟悉的儿歌或故事，加强朗读的流畅性和准确性，这可以训练宝宝听声和阅读的注意力。

爱心提示：

以上方法可在宝宝入小学前期和小学低年级使用。

尽管宝宝要认知的东西很多，但也需要注意以下几点。

保护宝宝的学习兴趣，不要总是打击他们，可多多鼓励他们。

保持宝宝阅读环境的简洁与安静，图书、玩具、杂物有序摆放，有利于宝宝专注某事时不分散注意力。

对宝宝讲话不要过多重复、唠叨。

学好乐器，让孩子自信

很多让孩子学乐器的家长，抱怨孩子对音乐不感兴趣，只能用高压手段逼迫孩子就范。很多家长认为孩子学习乐器，最重要的是尽快掌握乐器演奏技巧，不断去考级。

而我们今天要谈的，是怎么用乐器让那些易冲动的、不自信的、有攻击性行为的、特别内向不善交际的孩子，从学习乐器中受益，改变不良性格与行为。

学习乐器的益处

乐器学习本身，也是一种测量治疗，在学习的过程中，孩子可以通过掌握技能，呈现才艺来不断确认自己的进步，这比空泛的鼓励或一时难以见效的学习成绩更能让孩子获得成就感和满足。

乐器学习作为音乐治疗方式时，应选择简单易上手的乐器，如笛子、口琴等，这些乐器比起小提琴、钢琴等更易上手。

- 由于要演奏完整的曲目，所以孩子必须遵守相应的演奏方法，接受教授者的指导，这能帮助孩子获得适应权威、遵守规范的经验。

- 对于具有攻击性行为的孩子，演奏本身是一种情绪的发泄和能量的释放。

- 对于内向、不善交际的孩子，在学习与人合奏的过程中，能增进他交流的欲望与技巧。

- 对于有明显学习倦怠情绪的孩子，每次 3—5 分钟的训练时间，既不会侵占孩子的学习时间，又能在简单学习中轻易获得进步的满足感，有助于减轻学习倦怠感。

如何掌控电子产品和电视对宝宝的影响

电子产品和电视的危害

- 容易造成宝宝社交能力差

接触电子产品的原因，有时是由于父母无法搞定孩子，为了缓解孩子哭闹，而让孩子使用 iPad 或智能手机，以换取孩子的安静。偶尔使用问题不大，但是父母过于频繁地使用 iPad 或智能手机哄孩子，就会在无形中减少宝宝与父母之间的直接相处和磨合。父母的直接安抚所形成的感受会留存在宝宝的大脑深层区域，成为日后自我情绪调节的基础，这是孩子日后面对挑战时，谁也不能夺走的韧性。倘若孩子缺乏这种经验，今后面对抉择时，内心会自然连接到早期焦虑无助的情结，产生心理障碍。频繁或长期使用电子产品，还会影响孩子社交能力的发展。

- 容易造成宝宝语言发育迟缓

过多看电视会影响孩子的语言发育，有研究显示：电视开启时间过长，儿童的说话语句会减少。

- 容易造成宝宝早期智力发育受损

有研究表明，过度依赖电子产品会影响大脑的生理发育，特别是对大脑额叶的影响非常明显，主要表现为孩子注意力不集中、冲动、易怒、情感冷漠、缺乏耐心等。

看电视或电子屏幕往往是被动接受信息，不同于听故事看绘本，会限制孩子的感觉体验，阻碍孩子想象力的发展。孩子必须在与外界的不断互动中，通过动手、动脑、交流获得智力、听力、运动和行为动作的发展，当他们沉迷于电子产品，也就减少了心智发育所必需的与外界互动的机会。看电视多的孩子进入学龄期后，易出现注意力不集中，造成学习困难。

- 容易导致宝宝性早熟、肥胖

有研究表明，电视、网络中少儿不宜的视频刺激会促进儿童性早熟的发生；同时，长时间处于静坐状态（看电视、打电脑、玩手机等）会因缺乏游戏活动、体育活动尤其是户外活动，影响孩子的体质和身体的协调能力，孩子也容易发胖。

- 影响宝宝视力

在较近的距离用眼，会引起眼睛的疲劳。电子产品快速变化的图像和相对较小的屏幕，会让孩子的眼睛长期聚焦在某个点上，再加上孩子的视觉发育还不成熟，很容易造成视觉疲劳。

爱心提示：

目前我国还没有统一的儿童使用电子产品的指南，我们借鉴下美国儿科学会的建议：2 岁前的儿童不看电视或者其他屏幕媒介（包括电脑、ipad 以及智能手机等）；2 岁以后使用屏幕媒介也应限制，推荐儿童看“有质量的电视”每天不超过 1—2 小时。

家长如何掌控宝宝玩电子产品和看电视的时间

- 约定时间

家长应和宝宝事先定好规矩。宝宝每天可以看电视或玩电子产品的时间是：2—3 岁 10 分钟，3—4 岁 15 分钟，4—5 岁 20 分钟，5—6 岁 30 分钟……这让宝宝从小就知道有规矩就要遵守，另一方面也能锻炼宝宝的意志力。另外，看电视距离不能过近，一般以电视屏幕对角线的 4—6 倍（约 2—4 米）为宜，电视机的高度与宝宝坐着时双眼高度基本等高最舒适，眼睛也不易疲劳。

- 帮助宝宝选择内容

选择适合孩子年龄，有利于儿童语言发展和社交技巧，培养儿童善良、责任感和合作等正面价值观的内容。与宝宝一起讨论电视或游戏内容，给宝宝解释他不理解的内容，区分卡通人物、童话故事与现实生活的差异。

- 开一盏小灯

光线暗的时候开盏灯能有效减少屏幕内外光差较大所产生的对视力的影响；还可以让宝宝适当多吃一些富含维生素 A 的食物，如南瓜、猕猴桃、胡萝卜等。

- 家长以身作则

孩子最擅长模仿大人，家长首先要少看少玩电子产品。吃饭时关闭电视，以免养成孩子不良的饮食习惯。不要把看电视和使用电子产品作为一种奖励，也不要把限制看电视或使用电子产品作为惩罚，因为这会让电视和电子产品更有诱惑力。不要将电视机搬进孩子卧室；不要让孩子一边看电视，一边写作业。

- 给孩子更有趣的活动

孩子为什么沉迷于电子产品和电视？没有更有趣的活动也是原因之一。多提供书籍、玩具、互动游戏等非视频类娱乐项目，多组织些户外运动，多与家人和朋友一起玩耍。

二胎时代，大宝的特殊需要

二胎政策落地，很多家庭开始了两孩的生活状态。但是二宝是否能得到大宝的认可，还需要家长多加引导。大宝出生后一直是众人眼中的明珠，小弟弟、小妹妹的到来，很容易让大宝产生嫉妒、被侵犯和焦虑的情绪。

随着新生命的诞生，大人们要花更多的时间和精力照顾二宝。在大宝看来，父母和长辈们对自己的关注和爱被二宝抢走了，甚至自己儿时的衣服、玩具都成了二宝的归属物。这时，大宝往往会做出一些“退化”的行为，例如也要抱抱、也要躺妈妈怀里睡等，来赢回他曾经拥有的关爱。

给大宝一些特别的关爱

家长可以每天安排 15—30 分钟陪大宝做“我是小宝宝”的游戏，游戏中让宝宝假装回到婴儿时的样子，家长按照照顾婴儿的方式对待大宝，甚至可以用上一些大宝小时候的照片、衣服、餐具或玩具，来增加游戏的丰富度，在游戏过程中告诉大宝，“你小时候，我就是这样唱歌给你听的”“你好可爱啊！我们到现在都是这样爱你，还记得有一次……”让大宝感受到特别的关爱和照顾。

这样做的目的，是让大宝心理上有安全感，知道父母仍爱自己，也让他懂得父母照顾二宝多一些只是因为二宝处于更需要被照顾的阶段。

爱心提示：

固定时间和地点玩游戏，其他时间不理会大宝的孩子气行为。

游戏过程中，大人全身心投入，不接电话、不做其他事。

这种想象游戏不适合在整个家庭中进行，可以单独和孩子玩。

游戏结束的方法也有一定的技巧，不能太生硬，可以用“宝宝终于进入梦乡”“宝宝就这样愉快地长大了”等语言，把孩子从想象的世界带回现实。

第三部分

家庭小医生

健康体检从宝宝做起

孩子是父母的期望，所有的父母都渴望自己的孩子能健康快乐地成长。每年定期带宝宝做一次全面的身体检查，并记录在档案里，这份孩子成长过程中的健康记录，将伴随孩子健康快乐地成长。

儿童体检的特殊意义

儿童属于特殊的年龄段，儿童体检重在动态监测生长发育情况，健康体检是一份与儿童同步成长的最好的健康礼物。每年带宝宝定期体检 1—2 次，并建立一份全面的、连续性的健康档案，有利于早期发现孩子身体上、智力上及心理上存在的疾病，是保证儿童健康成长的重要手段。

儿童定期体检的时间节点

在正常情况下，宝宝体检的时间节点如下，既往体检有异常发现者需遵医嘱确定体检次数和体检时间。

6 个月以内的宝宝，每 1—2 个月体检 1 次。

6—12 个月的宝宝，每 2 个月体检 1 次。

1—3 岁的宝宝，每半年体检 1 次。

3—18 岁的宝宝，每年体检 1 次。

不同年龄段体检的侧重点

- 0—3 岁是个体一生中体格生长速度最快的时期，也是出生后大脑发育的黄金期，因此本阶段应注重宝宝体格生长、营养状况、动作和语言发育等方面的检查。

• 3—6 岁儿童的健康检查除了体格生长监测外，龋齿、口吃、构音不清、肥胖、生长迟缓、认知与社交障碍、情绪行为问题等都是关注的重点。

• 6—12 岁的孩子则需侧重眼保健、学习适应（是否有多动、注意力不集中、书写或阅读困难、成绩与能力不符等）、性早熟、矮小等诸多问题。另外，进入青春期前的逆反、抑郁、焦虑等心理保健也应重视，很多时候防比治更有效。

定期体检，可以帮助家长及时发现孩子成长过程中出现的问题，做到早发现、早干预、早治疗。

宝宝发烧了，是细菌还是病毒引起的

发热多数是由致热原引起的，致热原分为外源性和内源性两类。前者包括各种病原体的毒素及其代谢产物，尤以内毒素最为重要。

内毒素是细菌死亡或解体后释放出来的一种致热物质，所以当人体发热时，说明人体已经在与病原体作战。体温的高低并不代表病情的严重程度，因此在原有体温基础上升高 1 度，往往对人体免疫系统保持旺盛的战斗力是有利的，千万别急着退烧哦！

从发病率上讲，引起发烧 85%—90% 的原因为病毒，细菌大概不足 10%，支原体也占一定比例，所以医生是按“病毒—细菌—支原体—其他”的顺序来考虑发烧原因的。

如何判断是细菌还是病毒引起的感冒发烧

退热后精神依然不好——细菌引发；退热后精神如常，该吃吃该喝喝——病毒引发。

扁桃体上有脓点——细菌引发；扁桃体上有疱疹、滤泡——病毒引发。

扁桃体充血，表面不平、乌暗——细菌引发；扁桃体充血，表面光滑、色鲜——病毒引发。

流脓涕、脓性分泌物——细菌引发；鼻塞、流清涕——病毒引发。

痰多、特别是脓痰——多为细菌引发；咳嗽痰少或干咳——多为病毒引发。

• 发热伴寒战，细菌感染的可能性相对高，如果发热、精神萎靡、尿少还伴有手足冰凉的，要及时就医，警惕细菌中革兰氏阴性菌引起的感染性休克。

• 发烧伴有皮疹，病毒引发的概率较高，细菌也有一定的可能性。

• 病毒感冒超过3—5天后，容易合并成细菌感染，这也是起病之初不用抗生素，但出现细菌感染后要用抗生素的原因。

• 手指头血：病毒感染初期，白细胞会轻度升高，但中性粒细胞多半不会升高。细菌感染，一般情况下白细胞和中性粒细胞都会升高，但也有例外情况。总的来说，中性粒细胞和淋巴细胞的比例变化比单看白细胞总数更有意义。所以我们别看到报告里有箭头升高或下降，就自己吓自己，询问医生的意见最重要！

• 白细胞在感染性、非感染性炎症时都会升高，所以别一看C反应蛋白升高，就认为是细菌感染。真正的鉴别在于：细菌感染时，血清C反应蛋白的水平比病毒等感染时升高的幅度大。

宝宝发烧，焐汗就能退烧吗

天冷换季，孩子很容易感冒发烧。很多人在宝宝发烧时都信奉“焐汗法”，会通过盖棉被等方式将身体焐热，企图让身体大量出汗，带走热量，以图快点退烧。但是实际上，这种观念是错误的。

实际生活中，每年都有因为发烧焐汗而死亡的病例发生。

小心焐热综合征

在临床上我们把这种病例称为“焐热综合征”，因给孩子过度保暖或捂闷过久而引起，也称蒙被缺氧综合征。这种综合征可出现机体器官多系统受累，是儿科的一种急症。由于孩子和大人不同，神经系统发育尚不成熟，体温调节中枢发育也不完善，汗腺没有完全发育，主要靠物理对流散热。所以焐热综合征常见于儿童，特别是 1 周岁以下的婴儿。

焐热综合征常见于寒冷季节，每年 11 月至次年 4 月为发病高峰期。婴儿的呼吸、体温调节中枢还不健全，对外界环境适应力差，若衣被过暖或蒙被睡觉，就会因温度过高而出现大汗、面色苍白、高热、抽搐、昏迷，甚至还有可能影响神经系统发育。如婴儿昏迷时间过长，惊厥次数过频，则会引起智力落后、癫痫等严重后遗症。情况特别严重者，甚至因呼吸衰竭而死亡。

引起焐热综合征的两个误区

- 发热焐出汗

宝宝一发烧，家长就给宝宝穿得多。有人说，孩子发烧了很怕冷；有人说，穿得厚点是为了焐出汗，孩子一出汗就退烧了。

发烧焐出汗，往往越焐越热，容易造成焐热综合征，还容易诱发高热惊厥。宝宝发高热往往肢体循环会变差，手脚冰凉，正确的方法应该是把宝宝的衣服略微解开，让宝宝充分散热，而手脚要保暖。

很多人认为宝宝发烧了就不能洗澡，洗澡容易着凉。其实宝宝发烧了洗热水澡更有利于散热。如果洗澡不便的话，用温水拭浴也是一个非常有效的物理降温方法。

- 穿得越多盖得越厚越好

寒冷季节宝宝睡觉时不给他脱去棉衣、棉裤，还加盖过多的棉被，甚至还将被盖过头。外出时里三层外三层，用绳捆，头戴帽，再加围巾，这也是不妥当的。

如何给发烧的婴儿散热

- 喝温水

这是必须采取的措施，也是常识。发热会消耗人体大量水分，适当喝温水能防止脱水。

- 脱掉不必要的衣服

如果宝宝四肢温热，背部出汗，则需要减少衣物，否则体温会过高。

- 温水擦身

解开宝宝的衣物，用 37 摄氏度的毛巾擦拭全身，有利其血管扩张将热量散出。但整个过程千万要注意不要再让宝宝着凉！

- 保持空气流通

如房间有空调，可设置于 25 摄氏度至 27 摄氏度之间，或用风扇摇头送风。这样可令宝宝感觉舒适，更有利于退烧。但不能在宝宝四肢冰凉、打冷战时这样做。

- 使用退烧药

当宝宝腋下温度超过 38.5 摄氏度时，可遵医嘱使用退烧药、退热贴。

小儿热性惊厥该如何处理

小儿热性惊厥是不少家长所害怕的问题，在临床上很多人都将热性惊厥说成高热惊厥，从字面意思看似乎热度越高，越容易发生惊厥。那么是不是孩子发烧热度越高越容易发生惊厥呢？小儿热性惊厥到底该如何处理？

热性惊厥

热性惊厥多见于3个月至5岁的宝宝，是发热初起或体温快速上升期出现的一种惊厥，是一种可以排除中枢神经系统感染以及引发惊厥的任何其他急性病的疾病症状，而且孩子既往也没有发作史。患病率约为2%—5%，是婴幼儿时期最常见的惊厥性疾病，儿童期患病率约为3%—4%。所谓“高热惊厥”是不准确的称谓，国际上诊断热性惊厥并没有发热程度的要求。不过，热性惊厥往往发生在体温上升最快的时候，以及出现发热后24小时之内。

小儿热性惊厥首次发作常见于6个月至3岁的宝宝，平均首次发作年龄为18—22个月，男孩稍多于女孩，绝大多数5岁后不再发作。根据临床特点可以分为单纯型和复杂型两种。

- 单纯型

发作表现为全面性发作，无局灶性发作特征；发作持续时间小于15分钟；24小时之内或同一热性病程中仅发作1次。此种类型占热性惊厥的75%。

- 复杂型

具有以下特征之一：发作时间超过15分钟；局灶性发作；惊厥在24小

时之内或同一热性病程中发作两次或多次。

诱发因素

遗传因素可能是引起发病的关键因素。环境因素，如病毒和细菌感染是热性惊厥的重要促发因素，其中以病毒感染更为多见。疫苗接种发热是疫苗接种常见的不良反应。某些疫苗更易引发热性惊厥，尤其是减毒活疫苗（例如麻风腮疫苗）以及全细胞制备疫苗（例如全细胞百日咳疫苗）。但是没有证据表明这些疫苗接种后的热性惊厥与癫痫的发生相关，根据国际上主要发达国家的接种指南，热性惊厥并不是接种疫苗的禁忌证。

小儿热性惊厥的护理

热性惊厥的诊断主要是根据特定的发生年龄以及典型的临床表现，最重要的是排除可能导致发热期惊厥的其他各种疾病，如中枢神经系统感染、感染中毒性脑病、急性代谢紊乱等。因此，每次孩子惊厥后都应该及时就医，让医生检查判断是否是热性惊厥，排除其他严重疾病的可能性。

我们要强调的是，热性惊厥绝大多数是良性病程，目前国内过度治疗很普遍。最重要的是教育家长，让家长了解绝大多数热性惊厥的良性预后，短时间的热性惊厥除非有跌伤等意外伤害，并不会对宝宝的大脑造成明显影响，更不会把孩子“抽傻了”。同时要教会家长如何应对急性发作，从而避免家长过度紧张焦虑。

对于少数热性惊厥过于频繁（一年超过 5 次）或者出现过热性惊厥持续状态（超过 30 分钟）的患儿，可以酌情在医生指导下口服药物。

爱心提示：

家长最重要的是防止发作带来的意外伤害。将孩子放在平坦、不易受伤的平地或者床上，保持头向一侧偏斜，以利于口腔内容物流出，不要向口腔内塞入任何物品；也不要过度用力按压患儿，以免造成骨折；避免不必要的刺激，没有证据表明按压人中可以缩短发作时间，而且90%以上的发作可以在5分钟内自行缓解，如果过度按压导致人中处皮肤破损还容易继发脑膜炎。如果既往曾有热性惊厥持续状态或者本次发作已经超过3分钟仍不缓解，应该尽快打急救电话120求助，北京地区也可以拨打999。

警惕新生儿泪囊炎

宝宝眼睛一直水汪汪的，非常漂亮。但是近日发现宝宝的眼屎多了起来，有时还是黄绿色的，这到底是怎么回事？

其实，这是新生儿泪囊炎，又叫先天性鼻泪管堵塞，是一种常见的眼科疾病，婴幼儿发病率约为5%—6%，近年发病率呈明显上升趋势，可能与剖腹产分娩比率高，鼻泪管末端的HARB氏膜未经产道挤压而破裂有关。

新生儿泪囊炎的主要病征

单眼或双眼发病，常在出生后7—10天出现症状，主要表现有盈泪、流泪、黏性或脓性分泌物。长期泪囊炎可能引起结膜炎、角膜炎、睑缘炎、泪囊瘘、黏液囊肿等多种慢性感染，导致严重后果。

所以一旦发现宝宝有这样的症状，一定要及时就医。

宝宝的流涎问题

小儿流涎，也就是流口水，是指宝宝无意识地由口中漏出口水或口中内含物。在婴儿时期这是一个正常的现象，通常 15—18 个月大的宝宝口腔动作功能成熟了，流口水的现象就会自然而然消失。如果宝宝在 4 岁以后清醒时还流口水，就是异常现象，可能患有脑瘫、先天性痴呆等。另外需要注意的是，宝宝患口腔溃疡或脾胃虚弱时，也会流涎不止。

小儿流涎会带来一系列的问题：因为流口水，会使宝宝受到排斥，同时能力也会被低估；衣服总是湿湿的，身体会觉得不舒服，而且会散发出难闻的味道；下巴会脱皮、发湿疹及发炎；由于长期性的水分及营养流失，因此会有缺水的表现等。

宝宝 2 岁后还继续流口水的原因有以下五点：自主口腔功能障碍，吞咽习惯没有养成，感觉缺失，过度唾液分泌，智能障碍。

所以，如果发现宝宝超过 2 岁还在流口水，一定要及时就医。

什么是感觉统合失调

感觉统合失调的概念

感觉统合失调指的是脑内与感觉系统有关的部分无法正常而有效地发挥功能。感觉统合失调的孩子对一般的活动要求都感到难以应付自如，学习知识就更成了难事。感觉统合失调的孩子通常在 6、7 岁以后，因为学习困难、多动、注意力难以集中、胆小或不善于人际交往等原因，到心理咨询机构或医院咨询时才被发现。可是在这之前，他们已经有一些感觉统合失调的表现，如果能及早发现、及早介入，干预效果将好得多。

感觉统合失调的表现

儿童感觉统合失调的表现多种多样。一个宝宝常常伴有几种感觉统合失调表现，因此一般认为感觉统合失调是一种综合症状，多数的儿童并不能精确地划入某一种类型。但为了使家长们更系统地认识感觉统合失调的表现，根据主要受影响的感觉输入通路的不同，将感觉统合失调大致分为以下几大类。

触觉防御敏感或迟钝

触觉防御敏感或迟钝主要表现为以下几个方面。

- 躲避能产生特别触觉感的事物，如嫌弃某些质地的衣服、不爱玩接触身体的游戏等；或者固执于某件衣物、毯子、玩具，任何时候都要抱着它才感到安心。

- 讨厌被触摸，对一些触觉信息具有厌恶、恐惧的情绪，如被搂抱时感到不快，对日常生活中的个人卫生如刷牙、洗澡、理发等感到厌烦，不爱手工操作的游戏如绘画、泥工、玩沙等。

- 对非恶意的触觉刺激具有过激的反应，如被轻轻触到手臂、腿时表现出攻击性行为；当他人显示出要亲密、友好地接触时感到紧张、反抗或退缩等。

触觉防御敏感或迟钝常被误以为是有人际交往障碍或攻击性行为。

前庭功能问题

前庭器官主要负责感知身体的前后、上下运动状态和头部的运动位置，对保持平衡非常重要。当儿童有前庭功能障碍时，难以精确地感知身体和头部的运动状况，因而分辨不清空间距离，不能很自然地控制头部以保持眼睛在注视物体时的稳定性，往往有以下行为特征。

- 运动中主要用视觉协调动作，逃避或害怕运动。
- 端坐、写字、阅读的姿势不正确，上课时东倒西歪，写字握笔姿势不当。
- 当头部运动时，眼睛在空间视物不稳定，阅读中容易出现跳行、漏行等。
- 晕车、晕船，进行大幅度运动的过程中易头昏。
- 出现结构和空间知觉障碍，难以辨别图像的细微差异。

本体功能问题

机体积极的伸展、收缩肌肉或者肌肉抵抗阻力时，就会产生本体刺激，以反馈调节运动的精确性。当本体功能障碍时，身体运动协调性也会发生障碍，对身体运动缺乏预见和计划性，主要表现以下特征。

- 不合群、孤僻，到陌生环境容易迷失方向等。
- 大肌肉运动和精细运动技能差，动作笨拙，不喜欢翻跟头，不善于玩积木，很难学会系鞋带、扣扣子等精细动作。
- 在学习和其他活动中，顺序性和时间意识差。
- 书写速度慢、字迹不规则，书写时往往过分用劲。
- 因在完成简单动作时也常常遭遇失败，所以自信心不足，遇困难易沮丧，依赖性强，易因非智力因素引起学习不良。

宝宝意外伤害处理——烫伤

家庭中发生烫伤的高危地区

灶台、热水瓶放置处、裸露的热水管道（如淋浴热水龙头的侧面）、取暖器的加热面等都是危险所在。热锅、热碗、热水袋都应放置在宝宝碰不到的地方，注意洗脸洗澡时先倒冷水再倒热水。

宝宝被热水烫伤该如何处理

- 应立即用冷水冲洗。等冷却后才可小心地将贴身衣服脱去，以免弄破烫伤后形成的水泡。冷水冲洗的目的是止痛、减少渗出和肿胀，从而避免或减少水泡形成。冲洗时间约半小时以上，以停止冲洗时不感到疼痛为止。一般水温约20摄氏度左右即可。切忌用冰水，以免冻伤。冷水处理后把创面拭干，然后薄薄地涂些蓝油烃、绿药膏等油膏类药物。大面积或严重的烫伤经家庭一般紧急护理后应立即送医院。

- 皮肤烫伤要注意创面清洁和干燥，冷水冲洗后避免再浸水。约2—3天后创面即可干燥。此时就不必涂药。10天左右就可脱痂愈合。届时若不愈合，则应请医生看看是否因烫伤较深或有感染。烫伤后一般不用抗生素，如创面1—2天后还是红肿、疼痛加剧，则有感染之嫌，可在医生指导下进行治疗。

爱心提示：

平时给宝宝洗澡时，洗澡水不能过烫。适宜宝宝的水温是38摄氏度至42摄氏度，虽然大人感知较冷，但是却比较符合宝宝的需要。若天气寒冷，可用取暖设备加热洗澡房间的温度。

宝宝意外伤害处理——误食和窒息

宝宝年龄小，发生误食和呛食的情况非常多。误食和呛食容易堵塞消化道和呼吸道，进而引起窒息，十分危险。

宝宝喉咙被食物堵塞

食物呛入呼吸道能引起窒息，有生命危险，应立刻就地施救，可采用海姆立克急救法。

- 婴儿

将婴儿脸朝下放在你的前臂上，用你的手托着婴儿的下巴和头。用你另一只手的手掌后根部，在婴儿肩胛骨之间用力快速地拍打 5 次。

如果梗塞物没有被吐出来，可以让婴儿面朝上躺在你的手臂或大腿上。把你的食指和中指放在婴儿胸骨中央，大约是距离乳头下方 1.6 厘米的位置，用力快速地压挤胸部 5 次，然后再拍背 5 次，轮流交替着做，直到梗塞物被吐出来为止。

假如婴儿变得没有反应，赶快打电话给医院，并立即开始做心肺复苏术，直到医生到达。

- 超过 1 岁的幼儿

若家中有超过 1 岁的幼儿发生窒息，首先要问孩子“你能说话吗”，假如他可以说话、咳嗽或呼吸，就让他自己把梗塞物咳出来；假如他没办法呼吸、咳嗽或说话，就必须马上进行急救。

站或跪在幼儿的后方，用你的手臂圈住他的腹部。一只手握拳，然后把拳头的拇指侧靠向他腹部的中间、肚脐眼的上方。

用你的另一只手抓住拳头，然后用快速、向上的推挤动作压向他的腹部，直到他咳出梗塞物。

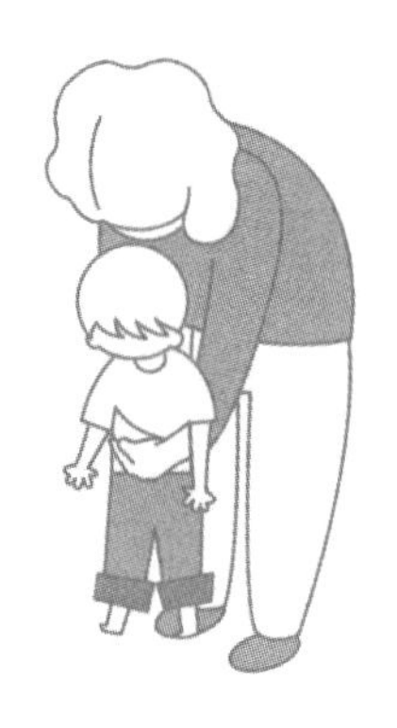

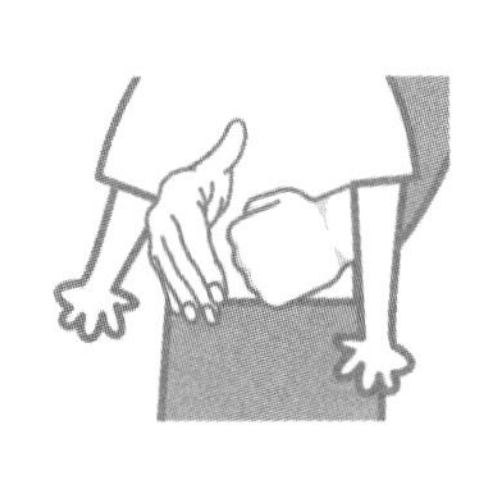

假如幼儿已经无意识、无反应，也没有呼吸，赶快向医院求救，并开始做心肺复苏术。

相关链接

心肺复苏术

在黄金 8 分钟及时抢救，挽回生命的可能性最大。儿童的胸外按压与人工呼吸频率为：30 次胸外按压加 2 次人工呼吸。按压的频率为每分钟 100 次，人工呼吸每次吹气的时间要持续一秒以上。

胸外按压的手势也与成年人不同，一般成人是双手上下十指相扣，手掌用力按压，但对8岁以内的儿童，就不能用两条胳膊同时用力，只能用一只手掌下压，而对1周岁内的婴儿，由于骨头还很脆嫩，只能用食指与中指相叠或者双手环抱婴儿的身体，用拇指按压。

按压的部位也有讲究，乱压起不到抢救的效果，患者的受力点应该在胸腔两乳头连线的中间位置。

在人工呼吸之前，首先要开放气道，即让患者保持气道畅通。方法为让孩子平躺，将头向后仰，不同年龄段的人，头仰的角度各有不同，一周岁以内的婴儿，头稍向后仰30度角即可，儿童向后仰60度，成年人后仰90度。判断人工呼吸是否成功，主要观察向患者的口或鼻吹气后，胸腔是否有明显高起。

宝宝喉咙被鱼刺卡住

宝宝卡鱼刺，有些家长会让孩子吞咽饭团、喝醋，但是这两种处理方法是不正确的。饭团、馒头的吞咽会将露在外面的鱼刺推入组织的深部，增加发现及取出的难度。醋不但不能软化鱼刺，相反，醋的酸度会刺激并灼伤食管的黏膜，使受伤的部位扩大和加深。如果只是小鱼刺，或者卡得不深，家长可以尝试自己处理。首先要镇定，然后在光线明亮的条件下，让孩子尽量张大嘴巴，找来手电筒照亮孩子的咽喉部，观察鱼刺的大小及位置。如果能够看到鱼刺且所处位置较容易接触到，父母可以找到小镊子，用酒精棉擦拭干净，直接夹出鱼刺。往外夹鱼刺的时候父母要配合完成，一人固定孩子的头部并用手电筒照明，另一人负责夹出鱼刺。如果根本看不到孩子咽喉中有鱼刺，但孩子出现吞咽困难及疼痛，或是能看到鱼刺，但位置较深、不易夹出时，一定要尽快带孩子去医院，请医生做处理。鱼刺夹出后的两三天内也要注意观察，如宝宝还有咽喉痛、进食不正常或流口水等表现，一定要带宝宝到正规医院的耳鼻喉科做检查，看是否有残留异物。

相关链接

宝宝玩珍珠项链的时候把项链扯断了，还把两颗小珠子放进了鼻孔，请问这怎么办呀?

即刻压住宝宝的鼻根处，防止他吸入珠子，同时向鼻孔方向推出珠子，若较深不能推出，应让小孩不要说话和哭闹，用嘴呼吸，并尽快去医院。

如果宝宝误服腐蚀性药物，如碘酒类，发现后该怎么办?

治疗碘中毒可以立即口服大量淀粉(如米汤、面、粥、山芋、面包等)，使之吸收碘并与之反应，然后催吐排出，可以看到蓝色呕吐物。因而在送医过程中就可以开始吃面包等食物了。洗胃可用1%—10%的淀粉液(米汤亦可)或1%硫代硫酸钠溶液，一直到洗出液无蓝色为止。洗胃后用硫酸钠导泻，内服生蛋清、牛奶、食用植物油以保护胃粘膜。喉头水肿严重时可致呼吸道梗阻而窒息，必须立即作气管切开。碘过敏反应引起的血管神经性水肿也可以导致喉部阻塞，应把气管切开加用肾上腺皮质激素。

给宝宝吃糖果时，他没把糖果包装纸撕掉就吞下去了。请问包装纸吃下去，会有伤害吗?

糖纸一般能被包括胃酸在内的消化液逐步消化，但要关注孩子有无腹胀、便秘、呕吐或发热，如果有上述情况需及时就医。

宝宝把硬币吞下去了该如何处理呢?

先去医院摄片，确定硬币的位置，如果硬币较小，一般会使用甘露醇等导泻的药物，促使硬币随大便排出。若两三天后硬币仍未排出，可再摄片，以确定是否需要在内窥镜下取出。

宝宝意外伤害处理——跌落

如果宝宝跌落，头部受到撞击，该如何判断宝宝是否受伤?

首先判断意识状态，呼唤孩子，如有应答或哭闹，证明意识清醒，不急于搬动，注意询问颈部有无疼痛，以防颈椎有损伤，如颈椎有损伤需等专业人员搬动。如只有头皮局部肿胀，可予压迫，但不要揉搓，同时就医，排除颅内损伤，一般 48 小时内观察孩子的精神状态和呕吐情况，以防脑震荡或颅内出血。

宝宝意外伤害处理——溺水

如果宝宝溺水了，该怎么处理?

首先使孩子头朝下，立刻撬开其牙齿，用手指清除口腔和鼻腔内杂物，再用手掌迅速连续击打其肩后背部，让其呼吸道畅通，并确保舌头不会向后堵住呼吸通道。然后抢救者单腿跪地；另一腿屈起，将溺水儿童俯卧置于屈起的大腿上，使其头足下垂；颤动大腿或压迫其背部，使其呼吸道内积水倾出。

积水吐出后，对心跳呼吸停止的儿童立即进行心肺复苏术（同窒息处理）。

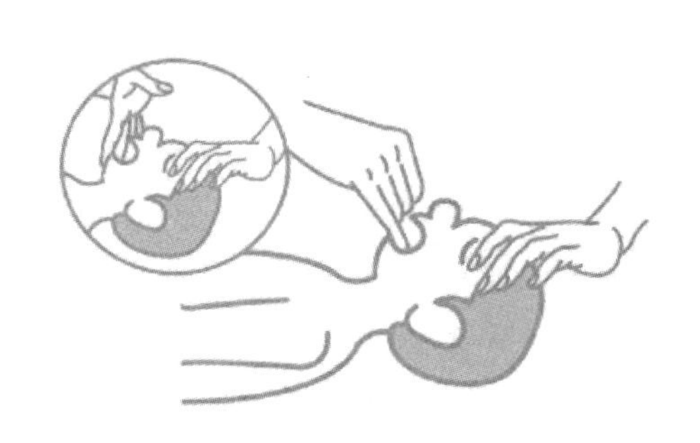

爱心提示：

18 个月以下的宝宝，不要让他单独一人留在浴缸里，即使只是接个电话的时间也不行，以防溺水。无论是浴缸还是水桶，都不要存水，以免宝宝玩水不慎跌进水中发生溺水。宝宝大一些，要教育他不要私自到江河、湖塘岸边和水井四周玩耍或行走，不单独去水流湍急或水域情况不明处游泳。

宝宝割了扁桃体，抵抗力会下降吗

众所周知，扁桃体的主要功能是防止细菌入侵喉部。但据调查显示，扁桃体的切除并不会使孩子的免疫力下降。因为扁桃体本身容易被病菌袭扰而发炎，而在扁桃体移除之后，其他免疫器官又能代偿它的免疫作用。因此有些孩子在切除扁桃体后反而喉部感染的次数减少了。虽然临床上有保守的抗感染治疗方法，如抗生素的使用，扁桃体切除术已不如以前常见。但在某些特殊情况下仍需施行，如频繁发生且病情严重的细菌感染，或是患气道阻塞性疾病（如阻塞性睡眠呼吸暂停综合征），因为肿大的扁桃体能诱发这类疾病的发生。

宝宝得了中耳炎，听力会永久性受损吗

耳部感染在幼儿时期是很常见的现象。一些孩子会因中耳液体集聚而发生感染，导致听力暂时性丧失。通常经过治疗后，耳朵都会恢复正常听力功能。即使是反复发生中耳炎症，也只有少数的患儿会发生永久性的听力损伤，除非耳部感染频繁且持久性地损伤了鼓膜、听小骨或听神经。

既然宝宝的听力功能在经过治疗后恢复了正常，那么并不存在发生永久性听力损害的危险。如果您担心的话，也可以定期带孩子到医院检查。

如果感染反复发生，可以咨询耳鼻喉专家，必要时用置管引流术来预防耳部感染及可能造成的听力损伤。

爱心提示：

中耳炎作为幼儿时期常见病，常伴有发热，但孩子表达能力有限，家长常会误当作感冒、呼吸道感染等处理，千万注意，不明原因的发热，中耳炎也是一种可能哦！

宝宝脸上有“白斑”，要打蛔虫吗

孩子脸上好像有一块一块的白斑，那是蛔虫斑吗？是不是要给宝宝吃

打蛔虫药?

其实，这种情况，在临床上称为白色糠疹，又名单纯糠疹、面部干性糠疹，也叫“桃花癣”“蛔虫斑”。常见于儿童和青少年，好发于3—16岁，约40%儿童曾患此病，是儿童最常见的色素减退性疾病。原因不明确，可能与儿童皮脂腺未充分发育，皮肤缺乏皮脂保护，营养不良、体内缺乏B族维生素，以及过度清洗、阳光暴晒等有关。本病男女均可受累，以脸部居多，亦可发生于上臂、颈、肩部、躯干和臀部等，皮肤较黑者多见。主要表现为圆形或椭圆形色素减退性斑片，数量大小不等，早期为红色或粉红色，早期的表现可不明显甚至没有，后期呈淡白色，表面干燥并有少量白灰色细薄糠状鳞屑，边缘略清楚，一般无自觉症状，少数患者可有轻微瘙痒、微痛等症状，病程缓慢。

一般情况下，斑痕持续数月或数年后会自行消退。因为不影响健康，也不会留有永久性皮肤损害，所以一般不必治疗，注意防晒就行。如果比较在意或孩子觉得患处瘙痒不适，则可根据实际情况外用保湿剂（维生素E乳膏或婴儿润肤霜等）、5%硫磺乳膏。对于营养不良的孩子，应当调整饮食结构，增加食物的花色品种，补足维生素，必要时应在医生指导下服用B族维生素。

让宝宝远离肥胖

幼儿期是控制肥胖的关键期之一

很多家长有这样的心态：孩子吃得胖长得壮是好事，如果在意外表，长大后再减肥就是了。我国大约有1.2亿肥胖儿，占全球的8%。其实，人在成长过程中，脂肪的增长会经过3个关键期：出生前3个月、3—7岁和12岁—17岁，如果在这3个时期过度发胖，那么孩子今后很可能属于“喝口水也会长胖”的体质。究其原因，还要从肥胖的两个分类说起。

- 脂肪细胞增多型肥胖

人体脂肪细胞数目在以上3个关键期中，增生最为活跃，一旦增生过度发生肥胖，可引起“脂肪细胞增多型肥胖”。正常人的脂肪细胞个数大约为250亿—280亿，而肥胖的孩子可以增加到635亿—905亿，是正常人脂肪细胞数的3倍。

- 脂肪细胞体积增大型肥胖

这是指脂肪细胞体积增大而数目正常引起的肥胖。

“脂肪细胞增多型肥胖”是最难治疗的，即使孩子成年后辛辛苦苦地减肥，也极易反弹。而“脂肪细胞体积增大型肥胖”相对容易控制，减肥也容易见到成效。11—13岁是控制儿童肥胖的最后一道关，若青春期肥胖仍未被控制，则约有80%的肥胖儿可发展为成人肥胖，因此把握这个时期非常重要。

肥胖会对儿童产生七大身心影响

带肥胖患儿来就诊的家长中，大部分是因为孩子的外表受到歧视，或是孩子的内分泌系统出现了一些问题，这些往往都是中重度肥胖患儿的问题。其实，肥胖的问题不仅仅只是停留在外表，肥胖对孩子的身体也会产生一系列的危害，需要家长及早发现，及早干预。

- 易诱发脂肪肝

重度肥胖儿童脂肪肝的发病率高达80%，肥胖是诱发脂肪肝的重要因素，高血压、高血脂是肥胖儿童发生脂肪肝的危险信号。

- 易血脂偏高

肥胖儿童血脂明显高于正常儿童，而血脂紊乱是动脉粥样硬化的高危因素。

- 易发高胰岛素血症

肥胖儿童普遍存在高胰岛素血症，这是因为身体为了维持糖分代谢需要，长期被迫分泌大量胰岛素，长此以往，就会导致胰岛抵抗，易引发Ⅱ型糖尿病。

- 易患呼吸道疾病

肥胖儿童由于胸壁脂肪堆积，胸廓扩张受限，易影响肺通气功能，使呼吸道抵抗力降低，易患呼吸道疾病。

- 易患消化系统疾病

肥胖儿童消化系统疾病的患病率是15%，明显高于正常儿童的4%。

- 抵抗力下降

肥胖儿童的免疫功能低下，尤其是细胞活性明显降低，因而易患感染性疾病。

- 易影响孩子的智力和心理

部分肥胖儿童的操作智商会低于健康儿童，其活动、学习、交际能力差，久而久之会出现抑郁、自卑，使儿童对人际关系敏感、性格内向、社会适应能力低，影响儿童心理健康。

警惕三类“伪科学喂养”

可能有些家长会有这样的困惑：自己明明是科学喂养的，为什么孩子还是会肥胖呢？在就诊的肥胖儿中，95%以上都是单纯性肥胖，能排除病理性肥胖。后天环境因素是发生肥胖的重要原因。而在后天因素中，“伪科学喂养”是主要原因。

- 不吃垃圾食品，却鱼类、肉类摄入过量

很多家长都知道吃油炸食品、洋快餐会导致孩子肥胖，这类食品早已上了黑名单。但是，一些家长对看来健康营养的食物，如鱼、虾、蟹、牛肉、鸡肉等，几乎不会限制孩子。这类食物超量食用同样会导致肥胖。

- 不喝可乐，却把乳酸类饮料和纯果汁当水喝

很多家长会限制孩子喝可乐、碳酸饮料，但不限制孩子喝牛奶、纯果汁饮料，或是乳酸类饮料，因为他们觉得这类饮品营养价值高，可以助孩子长身体。但这类饮品的成分中含糖量、热量都颇高，比如喝 1 瓶 450 毫升的鲜橙果汁，每一百毫升就会产生 186 千焦的能量，按热量值换算，喝 1 瓶果汁相当于吃了 50 克米饭。如果不控制孩子每天的饮用量，同样会导致发胖。

- 大米饭、面食等精细食物摄入过量

有些家长在让孩子吃饭时，总是喜欢把饭盛得很满，会要求孩子“再多吃一口”，还有一些孩子特别喜欢吃面食。同样的，如果对这些淀粉类食物的摄入量不进行控制，孩子也会发胖。此外，由于现代人食用精细食物多，粗粮摄入少，所以对纤维素的摄入就偏低了。纤维素含量低的食物更容易被人体吸收，也更易使人产生饥饿感，会使人吃得过多，从而导致肥胖。

预防宝宝肥胖的三个方法

- 分餐盘，均衡饮食

对孩子而言，预防肥胖首先要做到均衡饮食。比如，每天摄取的三大营养素，蛋白质、碳水化合物和脂肪，都要控制摄入量，不能无节制。一般在孩子添加辅食后至 2 周岁之前，父母会给孩子独立做饭，控制摄入量。孩子

过了 2 周岁之后，虽然可以和父母吃同样的食物，但父母也应该给孩子准备一个多格餐盘，这样既可以保证食物的多样化，又可以有效控制孩子的食物摄入量。

- 让孩子做简单的运动

除了通过饮食控制体重，运动也是必不可少的手段，家长要培养孩子的运动爱好，比如游泳、慢跑、跳绳等。如果孩子实在没有喜爱的运动项目，那么家长也要想办法制造机会让孩子动起来，比如不坐电梯（一般爬楼梯 20 分钟的运动量相当于慢跑 1 小时），晚上吃完饭带孩子散步等。

- 多给孩子做家务的机会

大部分肥胖的孩子都有一个通病，那就是懒！很多家长非常宠溺孩子，只要孩子一个眼神，一抬手，东西就会送到孩子身边。诸如洗澡、穿衣、系鞋带等小事，也全都由父母代劳。久而久之，孩子吃得多动得少就会发胖。而一旦孩子发胖后，动作变得迟缓，就更不愿意动了，最终会形成恶性循环。所以，父母一定要多给孩子机会做力所能及的事，让孩子动起来。

宝宝个子矮小是病吗

引起个子矮小的原因很多，必须查清原因，做出正确诊断，然后再考虑如何治疗。要查清病因首先要进行病史调查、体格和化验检查，然后根据详细的资料和化验结果综合分析，判断导致儿童矮小的原因，最后确定治疗原则。

相关检查

那么个子矮的孩子应该做哪些检查，检查前应做哪些准备呢？

- 就诊时需提供的资料

母亲妊娠情况，还有婴儿出生时的情况，如是否难产、窒息以及采用何种分娩方式，出生时的身高和体重情况等。

孩子每年身高增长的速度，测量身高时需脱去鞋子。

父母的身高和青春发育情况，家族中是否有矮小者。

孩子的智力发育情况，有无慢性肝炎、肾脏疾病和哮喘。

孩子是否用过影响生长发育的药物，如泼尼松、地塞米松等糖皮质激素等。

- 检查项目

孩子到了医院，会进行常规的血、尿检查，肝、肾功能检测和甲状腺激素水平检测，女孩还要做核型分析。其次需对左手腕进行 X 线摄片，以了解骨龄，判断孩子骨骼的生长情况、骨骺闭合的程度和生长潜力。如有需要还要抽血检测生长激素、生长因子等的水平。此外，如考虑为生长激素缺乏导致的身材矮小，还需做生长激素激发试验才能诊断。矮小儿童都要进行颅部的核磁共振检查，以排除先天发育异常或肿瘤的可能性。

生长激素不能随意使用

有些家长听说生长激素能治疗矮小，就想给孩子试用。其实，生长激素的使用有一定的临床适应证，不能随意使用，需到正规医院完成相应检查和诊断。生长激素的治疗，要根据患儿的适应证、身高较正常标准的差距、骨龄等情况决定使用时间，一般情况下应至少治疗 3—4 个月，以观察疗效。从儿童生长发育角度讲，身高的增长是相对缓慢的过程，不可能用药后就达到立竿见影的效果。

生长激素治疗矮小儿的临床有效性判定标准是：患儿年生长速率比治疗前增加 2 厘米以上即为有效。一般生长激素治疗以 3 个月为一个疗程，3 个月可以看到相对明显的治疗效果。一般治疗 3 个月，孩子生长 2 厘米以上都是正常的。

所以，关于孩子身高的问题，要根据年龄、发育情况等进行综合判断，具体要听取医生的建议，遵医嘱进行治疗。

宝宝肌肤问题

许多家长大概都经历过这样的闹心事：宝宝的皮肤上突然冒出许多疹子，斑斑点点，甚至肿起来了。孩子得了什么病？传不传染？该怎么治疗？接下来我们就按照皮疹类型帮助家长认识一下儿童最常见的皮肤疾病。

泛发性皮疹

大部分由病毒感染引起的皮疹并非很严重的疾病，通常会在几天或一周内自行消失。所以对于这些病毒疹来说，家庭的护理非常重要。

- 水痘

水痘起病比较急，可以在一两天之内突发全身的红斑、丘疹和水疱，常伴低热。水疱干涸后结痂脱落，留下浅表糜烂。因为有高度的传染性所以患儿需要到医院确诊，回家隔离至所有皮疹出齐结痂。

- 猩红热

经常见于 2—10 岁的儿童，为链球菌感染的传染性疾病。常常表现为全身弥漫的充血砂皮样皮疹。舌苔因为有突出乳头状鲜红样外观，又被称为草莓舌。通常首选的治疗药物是青霉素。

- 幼儿急疹

为病毒感染，主要见于 2 岁以下的婴幼儿。宝宝通常持续高热 2—3 天，体温降至正常后全身出现粉红色弥漫的皮疹，并在 24 小时内消失。一般给予物理降温以及退热药物对症处理。

局限性皮疹

原因可以多种多样，大部分局限性皮疹可以在家庭的护理下消失。常见的局限性皮疹有以下几种。

- 尿布皮炎

通常是由于宝宝的屁屁和尿片摩擦，或是受尿片潮湿环境等影响引起的。经常更换尿布并使用润肤剂，加强夜间护理是最好的预防办法。

- 脓疱疮

表现为潮湿、蜜色的痂皮覆盖的糜烂面。一般出现在头面四肢皮肤暴露的地方。根据皮疹的面积大小，需要用外用的抗生素软膏甚至口服的抗生素进行治疗。要教会宝宝正确的洗手方法，培养他们良好的个人卫生习惯。

- 热疹（痱子）

通常是由于家长给孩子穿太多或在炎热的季节发生。通常见于胸背部容易出汗的部位。既然是由过热引起的皮疹，最有效的预防办法就是不要给孩子穿得那么多。

- 单纯疱疹

通常发生在口周或唇缘，是成簇状排列的小水疱或是糜烂面，也可发生在头面部或是眼睛周围。虽然只有 8%—10% 的患儿有眼睛 HSV 病毒的感染，但是一旦发生即为严重感染，可能导致失明，需要及时就医。如果家长正在发作口唇疱疹，请务必不要亲吻宝宝。

- 手足口病

宝宝可能会出现发热或其他不适，起病突然。可以在手掌、指尖或是脚趾以及足底出现散在的孤立的水疱。口腔里可能也会出现一些糜烂面。大部分手足口病患儿病情稳定，持续一周左右，但是近年也有致死病例，常有高热表现。家长要重视。

- 接触性皮炎

由于接触到了一些物质，比如食物、肥皂、保湿剂等而引起的皮肤过敏反应。大部分接触性皮炎的皮疹都不会太严重，如果离开了过敏源就会慢慢自行消失。当然如果红肿痒痛明显，甚至出现水疱，建议还是去医院就诊。

有强传染性或病情严重的皮疹

- 寻常疣

为人类乳头瘤病毒 HPV 感染引起的传染性疾病。为孤立性或融合性凸起的丘疹，表面不规则而粗糙，好发于手脚或是身体的任何部位。通常使用冷冻治疗，或是尝试水杨酸的外用贴膏或霜剂。

- 传染性软疣

由痘病毒引起的传染性疾病。为白色或黄白色密集分布，中间有脐凹的丘疹。好发于面部、颈部，腋窝和四肢近端。因为传染性极强，通常建议在医院钳除治疗。

- 中毒性坏死性表皮松解症

是一种罕见的播散全身的非常严重的疾病。通常是由药物过敏引起，皮肤可以大片脱落引起像严重烧伤样的外观，有生命危险。

爱心提示：

以上三种皮疹病情严重，必须及时到医院就诊。

严重湿疹

大约有10%—20%的婴儿会患上严重湿疹，也称为湿疹或特异应皮炎。患儿的典型表现为头皮和面部皮肤有渗出或结痂，皮肤非常干燥，面部泛红，手肘弯处和膝盖背面也可能有小丘疹和结痂。

此病还会表现为剧烈瘙痒。在急性暴发期过后，患者往往会迁延不愈、转化成长期的慢性湿疹，慢性期皮肤干燥并出现斑丘疹。湿疹不会传染，但它无法被治愈。湿疹的病因很复杂，因此我们无法针对病因进行治疗，而只能控制症状。

爱心提示：

避免温度和湿度的突然变化，根据空气质量安排户外活动，避免过热或出汗，避免食用可能引发湿疹的食物。这样可以减少急性湿疹发作的概率。

宝宝口吃怎么办

宝宝口吃的原因

儿童口吃的原因不明，可能是由于遗传造成，焦虑和应激（如家庭生活事件），躯体疾病神经功能失调，模仿等，亦可形成口吃。也有研究认为口吃与儿童神经肌肉系统发育有关，如边缘系统—网状结构复合体的活动增强、发音肌功能不协调等。

宝宝口吃需要治疗吗

大部分儿童的口吃症状会随年龄增长逐渐好转并消失，但也会有极少数延续至成年。

一旦发现宝宝口吃，就应及时就医，首先要排除抽动症等神经方面的疾病，然后由专业医生给出符合年龄特点的训练或治疗建议。

相关链接

女孩口吃多还是男孩口吃多?

男孩的口吃发生率较女孩高。

刚开始学说话的孩子都口吃吗?

在2—3岁语言发展的爆发期，短暂的口吃现象较常见，主要和儿童掌握的词汇少但思维迅速，同时发音器官尚不成熟，神经系统对发音肌群的控制、肌群间的协调能力不足等有关，从而容易造成口吃。

家庭成员之间不和睦会使孩子的口吃加重吗?

会。在儿童口吃的原因中，心理是很重要的因素。若因家庭环境造成孩子激动、焦虑、紧张、恐惧或重大情感创伤等，都可能诱发或加重口吃。

孩子说话不清楚是舌头有根筋吊住了吗?

舌系带短只是说话构音不清中较常见的一种原因，其他参与构音、共鸣的口腔、鼻腔、咽鼓管、发音肌群等方面的问题或听力方面的问题，都能造成说话不清楚。

是否有必要切除舌系带，以防孩子说话不清楚?

舌系带完全去除是不行的，至于是否使用舌系带松解术或延长术需由医生根据舌系带的情况和语音不清的关联性进行判断，并不是所有病例都需要手术，有些舌系带稍短的孩子，通过后天语音训练也可以正常发音。

孩子说话晚是不是智商有问题?

说话晚的原因很多，有精神发育迟滞(弱智)、自闭症、社交障碍、语言发育迟缓等，临床上也可以见到很多案例是由于语言环境剥夺(如家长和孩子很少语言交流)或受遗传因素的影响而造成开口晚。

孩子说话晚和听力有关吗?

不说话、说话晚或语音不清，都可能存在听力问题，所以语言障碍的孩子初次就诊时，都需进行听力检查。

经常眨眼、耸肩、努嘴巴、清嗓子，是病吗

宝宝经常眨眼睛、耸鼻子、努嘴巴、清嗓子、抖肩膀、喉中发声等，不仅

不雅观，还会让人误解这是宝宝的不良习惯。在排除了结膜炎或咽炎等情况后，我们还要考虑宝宝可能患上了一种疾病，临床统称为抽动障碍。

抽动障碍

抽动障碍起病于儿童或青少年时期，是以不自主、反复、突发、快速、无节律性的一个或多个部位运动抽动和（或）发声抽动为主要特征的一组综合征。

抽动障碍的病因尚未完全明确，可能是遗传因素、神经生理及环境因素等相互作用的结果。所有形式的抽动都可能因应激、焦虑、疲劳、兴奋、感冒发热而加重，都可能因放松、全身心投入某事而减轻，或在睡眠时消失。

诊断标准

根据临床特点和病程长短，抽动障碍分为短暂性抽动障碍、慢性抽动障碍和 Tourette 综合征 3 种类型。

目前国内外多数学者倾向于采用 DSM-5 的诊断标准。

- 短暂性抽动障碍：1 种或多种运动性抽动和（或）发声性抽动；病程短于 1 年；18 岁以前起病；排除某些药物或内科疾病所致；不符合慢性抽动障碍或 Tourette 综合征的诊断标准。
- 慢性抽动障碍：1 种或多种运动性抽动或发声性抽动，病程中只有 1 种抽动形式出现；首发抽动以来，抽动的频率可以增多或减少，病程在 1 年以上；18 岁以前起病；排除某些药物或内科疾病所致；不符合 Tourette 综合征的诊断标准。
- Tourette 综合征：具有多种运动性抽动及 1 种或多种发声性抽动，但两者不一定同时出现；首发抽动后，抽动的频率可以增多或减少，病程在 1

年以上；18 岁以前起病；排除某些药物或内科疾病所致。

有些患儿不能归于上述任一类型诊断，属于尚未界定的其他类型抽动障碍。

治疗方法

在就医后，应遵医嘱进行药物治疗。在家庭中，我们还应该配合非药物治疗。

• 心理行为治疗：心理行为治疗是改善抽动症状的重要手段。多数轻症抽动障碍患儿采用单纯心理行为治疗即可奏效。通过对患儿和家长的心理咨询，调适其心理状态，消除病耻感；采用健康教育指导患儿、家长、老师正确认识疾病，减轻患儿的抽动症状，同时可给予行为治疗。

• 教育干预：在对抽动障碍进行积极药物治疗的同时，对患儿的学习问题、社会适应能力和自尊心等方面予以教育干预。策略涉及家庭、学校和社会。鼓励患儿多参加放松性的文体活动，避免接触不良刺激，如打电子游戏、看惊险恐怖片、吃辛辣食物等。家长可以将患儿的发作表现摄录下来，就诊时给医师观看，以便于病情的判别。家长应与学校老师多沟通交流，并通过老师引导同学不要嘲笑或歧视患儿。鼓励患儿大胆与同学及周围人群交往，增进社会适应能力。

预后评估

抽动障碍症状可随年龄增长和脑部发育逐渐完善而减轻或缓解，需在 18 岁青春期过后评估其预后，总体预后相对良好。大部分抽动障碍患儿成年后能像健康人一样工作和生活，但也有少部分患者抽动症状迁延或因患病而影响工作和生活质量。

宝宝这么小就近视了怎么办

中国是一个近视大国，专家预测，到2020年，将会有约7亿人患有近视，除了人数增多外，近视的发病年龄更是朝着低龄化发展。那么，面对孩子近视程度不断上升，家长又该怎样应对呢？

发现近视的病因，从娃娃阶段开始预防

近视是环境和遗传两种因素共同作用导致的，其中后天环境因素占75%。如果父母患有近视（无论先天还是后期发展），孩子患有近视的概率会高于正常视力父母的孩子，且在近视的时间上也会较靠前；环境因素主要是学习压力大，户外运动缺乏，电子产品使用过度，以及家中照明过暗，平时坐姿歪斜等。日常生活中的用眼都是双眼交替主视，如果孩子坐姿歪斜，注视近物时双眼无法交替转换，就会导致其中一只眼睛过度使用，长期下去，会使这只主导眼发生近视。因此家长在孩子的用眼习惯上需要给予正确的指导，也要为孩子提供一个舒适的用眼环境。平时要控制电子产品的使用时间，指导孩子养成正确的握笔和坐立姿势，家中的照明应明亮无重影，看电视和电脑时，要开背景灯，否则明暗对比强烈，相当于频闪刺激。学习之余要增加户外运动，让孩子的双眼得到放松。

一旦发现宝宝近视，家长就要带宝宝就医。是否要配戴眼镜，请听取医生建议。

相关链接

宝宝会不会是假性近视?

很多家长在孩子视力开始下降的时候，都会产生这样的疑问：会不会是假性近视？注意控制，视力是否会恢复？对于假性近视，目前只有中国有这种说法。而实际情况是，只要孩子出现了视力的下降，95% 都是真性近视。不排除有些孩子因为用眼疲劳，发生一过性的视力下降现象，可通过散瞳来改善，再根据真实情况进行判断。

眼保健操和治疗仪有无效果?

我国各中小学校都推行眼保健操，但是眼保健操真的对预防控制近视有效果吗？实际上，没有明确的实证研究证实眼保健操对近视的预防控制有作用，但是在做眼保健操这一时间里，可让双眼得到放松而应该提倡。市场上的治疗仪，作用效果大都无法证实，因为近视的病理改变是眼轴的延长，这是无法逆转的。

近视后是否配眼镜，是否低配?

家长往往会在是否给孩子配戴眼镜这个问题上产生困惑：如果不配戴眼镜，影响孩子的正常学习和生活；配戴眼镜的话，那孩子就永远摆脱不了眼镜了。其实，保持清晰的视力有助于减轻近视，反而是那种模糊的状态，会导致近视的进一步加深。对此，专家的意见是：度数较低的情况（如 150 度以内），仅看黑板字幕时戴眼镜，平时生活可不用佩戴；而当度数较高时（如 250 度以上），则建议全天佩戴眼镜。

药物和手术治疗有无必要？

孩子近视了，家长又不愿意让孩子配戴眼镜，于是很多家长选择药物和手术治疗。其实，药物并不能完全治愈近视，大部分药物是放瞳作用，让眼睛得到适度的放松。常用的有阿托品和消旋山莨菪碱，阿托品效果强，影响正常生活，一般上学后的孩子不建议使用；消旋山莨菪碱有轻度瞳孔放大作用，一般睡前使用，放松双眼。有些家长为了治愈孩子的近视，会选择激光手术治疗，激光手术治疗是做角膜的切削，这需要在成年之后，而且适合中低度近视程度；如果孩子的近视发展严重，到成年时的度数较高，会使激光手术治疗的风险加大。

宝宝乳牙龋了怎么办

我们知道每个人一生有两副牙齿，分别是乳牙和恒牙。乳牙一共有 20 颗，从宝宝 6 个月左右开始萌出，到 2 岁半左右全部长好。

我们的第二副牙齿叫恒牙，大多数人有 28—32 颗恒牙。一般宝宝从 6 岁左右开始换牙，所以我们把第一颗长出来的恒牙叫作“六龄牙”。到 12 岁左右，大多数宝宝嘴巴里的乳牙就全部被恒牙替换了。恒牙会一直在我们的嘴巴里，不会再替换了。所以，恒牙要跟着我们几十年，是我们口腔里最长久的好伙伴。

乳牙的作用

乳牙，是非常重要的咀嚼器官，可以帮助我们咀嚼食物，促进胃肠道对营养物的消化吸收。门牙还可以帮助正确发音，整齐健康的门牙很好看。健康的乳牙还对以后替换恒牙有帮助。

乳牙龋坏的危害

• 如果龋洞较深时，孩子可能会出现吃冷热食物时牙齿疼痛，甚至不吃东西也会剧烈疼痛，晚上会痛得更厉害，这样会严重影响孩子的学习和生活。

• 如果龋齿没有得到及时治疗，龋坏的那一边就无法吃东西。由于两侧牙齿咀嚼不平衡，时间长了脸可能会长歪。

• 如果牙齿龋坏太厉害，只剩下牙根，甚至牙根也拔除了，那么龋齿两边的牙齿还会向当中移位，以后换牙时，恒牙就有可能没有位置，导致长歪，甚至长不出来。

• 门牙对美观也很重要。门牙蛀了很难看，说话不清楚，还会影响读英语时的发音。

乳牙的保护

既然乳牙如此重要，那平时我们该如何保护乳牙呢？

• 养成每天早晚刷牙、饭后漱口的好习惯。每天刷牙至少两次，每次至少要刷 3 分钟。晚上刷完牙后就不能再吃东西了。

• 平时应养成良好的饮食习惯，多吃粗粮、水果、坚果；少吃软粘的食物，少吃甜食，少喝不健康且没有营养的含糖饮料；要多吃蔬菜和水果。

• 定期到医院检查牙齿，如果牙齿有龋坏要及时补，小洞不补，大洞吃苦。

相关链接

有的孩子乳牙很早就掉了，那该怎么办呢？

健康的乳牙对孩子很重要。乳牙一般在6岁开始替换，要到12岁左右才会全部替换完成。如果孩子的乳牙因为各种原因很早就脱落了，千万要记住及时找牙医帮忙。医生会做详细的口腔检查。如果需要，医生会在缺牙的地方安上一个特殊装置——间隙保持器，把缺牙的位置保护起来，这样以后才能长出整齐漂亮的恒牙。佩戴这个特殊装置——间隙保持器不痛，也不用钻牙。只要第一次咬个牙模，第二次医生用专用的牙科“胶水”粘上就好了。

宝宝换牙那点事

孩子踏入换牙期的时候，恒牙萌出导致乳牙牙根吸收、松动，并有序脱落，恒牙在空位上逐渐萌出。换牙期大约从6岁开始，到12—13岁结束。

孩子到了6岁左右，上下左右最后一颗乳磨牙的后面会静静长出第一恒磨牙，又称“六龄牙”。很多家长不知道它的存在，甚至以为它也是会替换的，所以疏于护理，导致好多小朋友的六龄牙早早开始龋坏。家长们一定要注意，这颗牙萌出之后一定要注意清洁，并及时进行窝沟封闭。

新换的门牙刚萌出时呈锯齿状。“锯齿”是牙齿的发育结节，会随着进食咀嚼逐渐磨平，这不是异常情况，无须处理。由于侧边两个还没有萌出的牙齿的牙胚挤压大门牙的牙根，刚长出的门牙会呈现外“八”字，这种“丑小鸭”阶段只是过渡期，随着侧边牙齿的萌出，暂时的“异常”就会自然消失。

孩子的饮食特点是食物过于精细，经常导致新牙从里面长出的时候乳牙还没有自行脱落。一般而言，如果新牙萌出很多，而乳牙仍然不松动，建议拔除乳牙，新牙会自行调整到正常位置。

孩子的换牙期，是“丑小鸭”阶段，一些生理性的不整齐会自行调整，待全部牙齿替换完成后，孩子就会华丽地转身变为“白天鹅”了。但也有一些牙齿的情况属于异常，需要及时干预，所以建议家长定期带孩子去看牙医，有问题早发现、早处理。

爱心提示：

孩子新长的恒牙比乳牙黄是正常现象，这是由于恒牙钙化的程度比乳牙高。也就是说，恒牙最外层的牙釉质透明度比乳牙好，所以就容易透出内层呈淡黄色的牙本质。如果孩子牙齿变色严重，家长可以带孩子去口腔医院就诊，请牙医鉴别。

雾霾天，宝宝该如何保健

霾是大气近地面层出现了逆温层，如同一个大盖子罩在了地表，盖子下面的细微烟、尘或者盐粒扩散不出去所造成的。其中的 PM2.5 颗粒物，也称为可入肺颗粒物，它的直径还不到人头发丝粗细的 1/20，但它对空气质量和能见度等有重要的影响，也会直接影响人的健康。

如果霾中的 PM2.5 颗粒物被宝宝从呼吸道吸入，就会沉积于宝宝的肺泡之中，溶解后进入血液，损伤血红蛋白输送氧的能力，易造成血液中毒；如果霾中含有大量的二氧化硫，还会刺激呼吸道，危害更大；雾霾严重时，烃类及含氮杂质还可使个体中枢神经发生病变，或导致肺气肿及肺癌。

雾霾引发的常见儿童疾病

• 呼吸道疾病：过敏性鼻炎、支气管哮喘、咳嗽、变异性哮喘等。

• 佝偻病：由于太阳中的紫外线是人体合成维生素D的重要途径，紫外线辐射的减弱直接导致宝宝患小儿佝偻病的概率升高；另外，紫外线是自然界杀灭大气微生物，如细菌、病毒等的主要武器，雾霾天气导致近地层紫外线的减弱，易使空气中的传染性病菌的活性增强，传染病增多。

• 情绪不稳定或抑郁：雾霾天还会影响宝宝的情绪，因为阴霾沉沉，阳光昏黄阴暗，宝宝身体中的松果体会分泌出较多的松果体素，使得甲状腺素、肾上腺素的浓度相对降低，甲状腺素、肾上腺素等是唤起细胞工作的激素，一旦减少，细胞就会“偷懒”，变得极不活跃，宝宝就会显得无精打采，甚至引发抑郁。其实这种情况在成人中也同样存在。

预防雾霾危害的措施

• 减少外出，外出戴口罩

一次性医用口罩，可针对PM3以上的可吸入颗粒物，对于PM2.5以下可吸入颗粒物的作用可能会稍小一些。口罩要根据个人脸型选择，最好带着宝宝到药店选购，否则即使佩戴了N95口罩，也会影响防尘功效。

在雾霾天气、流感流行季节，宝宝外出时必须戴口罩。

宝宝去环境空气质量较差的地方要戴口罩。各种有害物质，如粉尘、花粉、杀虫剂等，会刺激呼吸道，引发过敏性鼻炎或过敏性咳嗽。当冷空气刺激时，宝宝不戴口罩易出现流涕、打喷嚏、咳嗽等症状。

去医院时为了预防交叉感染，宝宝最好戴口罩。

- 通风与空气净化

通风：避开雾霾天，另外在上午 10 点、下午 3 点左右的交通高峰期也不要开窗通风。

空气净化：通过空气净化器过滤、吸附、分解、改善室内空气质量。烹饪以蒸煮为主，减少室内油烟。成人不吸烟。

加湿：增加室内的湿度，室内过度干燥会增加空气中的尘埃。

- 不在卧室内放置激光打印机等电子设备
- 过敏者不要饲养猫、狗等宠物
- 不去拥挤的公共场所、不逗留在车流量大的马路边
- 外出回家后洗脸、洗手、漱口、清理鼻腔

有害物质会依附于宝宝脸部、手部等，可使用温水将附着在皮肤上的雾霾灰尘清除。

雾霾天的健康饮食推荐

在饮食方面，宝宝应多喝水，多食用含维生素 C 丰富的食物，少用高蛋白饮食。

哮喘儿童应注意，牛奶、鸡蛋、大豆、鱼、虾、螃蟹、葱、韭菜等易引发过敏。

此外，雾霾天宝宝可以多食用以下 3 种汤羹。

- 雪梨百合润肺汤

原料：雪梨 1 个，百合若干片，枸杞 10 粒。

做法：雪梨洗净，带皮切成小块；百合洗净。将雪梨块和百合放入锅中，倒入清水，大火煮开后，撇去汤面的浮沫。然后盖上锅盖，露一条小缝，调成小火，煮 20 分钟后，放入洗净的枸杞，再煮 2 分钟起锅。

功效：雪梨生津润燥，清热化痰。百合清热，去火，润肺和安神。汤中的雪梨和百合可以食用，小婴儿滤汁饮用，较大宝宝加少许冰糖食用。

• 银耳莲子百合排骨汤

原料：银耳 75 克，百合 100 克，排骨 500 克，姜葱若干，盐少许。

做法：莲子用温水泡发 15 分钟，清洗干净；银耳用清水泡发 30 分钟，清洗干净后切去黄蒂，切成几块；百合洗去表面黄色。排骨洗干净，放进砂锅加清水烧开，撇去浮沫，加莲子、百合和银耳，转小火煲 90 分钟，加盐调味。

功效：银耳补脾开胃、益气清肠、养阴清热、润燥解毒，百合清热去火、润肺安神，莲子清热泻火、养心安神。

• 猪血菠菜汤

原料：菠菜 3 棵，猪血 100 克，葱段 10 克，盐、香油各适量。

做法：锅置火上，放入适量香油，炒香葱段后放入适量开水，大火煮开。将猪血放入锅中，煮至水再次滚沸，加入菠菜段（菠菜可提前用开水焯下）、盐，离火。

功效：对补血、排毒、明目、润燥、清肺都有好处，尤其能补充体内铁质含量，提供造血原料，还能促进肠蠕动，缓解便秘。

什么是“多动症”

注意力缺陷多动障碍

注意力缺陷多动障碍是一种发育性问题，俗称“多动症”，英文缩写为 ADHD。该疾病是儿童、青少年中最常见的行为障碍，也是学龄儿童患病率最高的慢性健康问题之一。它的发生率在3%—10%之间，在我国，往往一个50人的班级里，就有1—2个多动症儿童。

多动症宝宝的特征

- 性格活泼好动、缺乏耐心，做事有头无尾，难以长时间集中注意力做一件事。
- 上课总是走神，注意力很容易受外界环境的影响，上课专心听讲时间短。
- 喜欢招惹别人，常与同学争吵或打架，话多，一刻都闲不住。
- 作业不盯着就不做，别的同学在学校能把作业做完，他总要带回家里，拖到不能再拖时才开始写，需要家长在一旁督促才能完成。
- 容易犯粗心大意的错误，如拼写单词前后颠倒，加号看成减号，阅读时跳字、漏字。
- 精细协调动作常比同龄孩子迟钝，比如翻掌、对指、系鞋带、扣纽扣等，经常需要家长的帮助。

很多家长最开始认为孩子只是顽皮、淘气，于是费尽苦心地说教、请家教、报补习班，想尽了所有的方法，可孩子仍然进步很慢，总是犯同样的错误。

多动症的病因

- 关于多动症的病因和发病机制，目前尚未完全明确，但能肯定是由基因和社会环境因素共同起作用。
- 通过神经解剖、生理、心理学研究发现，多动症的发生与脑神经功能的改变有关。多动症是由于大脑额叶、前额叶发育迟缓所致，与此同时，多动症儿童存在执行功能障碍和平衡功能失调。

• 对神经生物化学的研究表明，多动症儿童中与高级功能相关的神经递质浓度存在异常，而茶酚胺类、多巴胺和去甲肾上腺素在多动症发病中起重要作用。

因而，多动症的宝宝一定要及时就医。

“多动症”的药吃了会变呆吗

药物治疗是学龄期儿童注意缺陷多动障碍的首选治疗方式，但经常会听到家长这样描述：“医生，听说一吃多动症的药，人就傻掉了”“医生，不骗你，邻居家小孩吃了多动症的药一下子就不说话了，成天呆呆地坐着”……可以看出，很多家长都觉得治疗多动症肯定用的是镇静药，其实不然。

治疗注意缺陷多动障碍的药物

治疗注意缺陷多动障碍的药物主要分为两大类：兴奋剂和非兴奋剂，虽然这样分类，但两种药物的最终目的都是提高人脑内原有的兴奋性神经递质的浓度，让人脑特别是前额叶等主管注意力、记忆的功能区保持兴奋，从而有效地保持注意力，并控制冲动行为。

• 兴奋剂类

哌醋甲酯药物（如缓释哌甲酯、利他林、盐酸右哌甲酯和盐酸哌醋甲酯）和安非他明类药物（如安非他明或混合安非他明盐；苯丙胺盐混合物或安非他明盐混合物；二甲磺酸赖右苯丙胺；硫酸右苯丙胺和酒石黄片剂和右旋苯丙胺)，治疗注意缺陷多动障碍的效果显著。其中，安非他明已使用了70多年，哌甲酯也已经使用超过了50年，研究显示这类药物在医生监督下使用时，具有较好的安全性和有效性。

- 非兴奋剂类

托莫西汀(择思达)、缓释胍法辛(胍法辛)、缓释可乐定(可乐定)和某些抗抑郁药(如安非他酮)，研究显示对于治疗注意缺陷多动障碍有效。当家长因个人偏好，或孩子存在一些合并症状，或少数儿童对于兴奋剂治疗效果不明显时，可以选择非兴奋剂治疗。

目前中国常规使用的治疗儿童注意缺陷多动障碍的药物，为盐酸哌甲酯缓释片、盐酸托莫西汀两种。当然，针对多动症的孩子，还是要在专业医生的指导下进行最优化的治疗。

好动、注意力分散的宝宝要检查血铅

曾有媒体报道，妈妈发现宝宝近段时间好动得厉害，经检查发现宝宝血铅含量为115微克/升(国家标准上限为100微克/升，115微克/升为轻度铅中毒)，血铅含量超标。看到体检结果，家长彻底蒙了。身边没啥污染源，孩子怎么会血铅超标呢？一番沟通后，得知孩子有站在马路边看汽车的爱好，汽车尾气可能是罪魁祸首。

警惕无处不在的铅污染

作为重金属的铅是怎么进入人体的？除了大家所熟知的汽车尾气中含铅外，铅还被广泛应用于日常生活中的各个领域，比如油漆、玩具、文具、化妆品等，使很多日常用品中存在不同程度的铅污染，儿童通过呼吸道吸入铅尘或食入铅污染物品，可出现程度不一的铅超标，甚至铅中毒，影响身体及智力发育。

- 空气中的铅

空气中的铅含量一方面来自于污染严重的工厂，另一方面来自于汽车尾气，汽车尾气的铅尘沉降在道路两旁数公里范围内的地面上，常在道路旁边玩耍或居住在道路附近的孩子们很容易受到铅污染。虽然我国已经开始重视铅中毒的危害并大力推广无铅汽油，但目前仍然有很多大型汽车用的不是汽油，而是柴油，燃烧后会产生一定的铅污染。

家居空气也可能是铅污染的来源。研究显示，孩子被动吸烟会增加血铅水平过高的危险。每克香烟中含 0.8 微克的铅，有人对吸烟家庭中长大的孩子与不吸烟家庭中长大的孩子进行对比发现，前者患铅中毒的比例比后者要高出 10 倍以上。

爱心提示：

让孩子避开“铅尘带”。

汽车排出废气中铅尘的密度较高，而且多积聚在离地面一米左右的大气中，正与儿童呼吸带高度一致，儿童活泼好动又新陈代谢旺盛，吸入铅尘量可达成人的 5—8 倍，吸入后累积在体内，造成铅中毒。所以尽量少让孩子在路边玩耍，并远离汽车尾部。

父母带孩子外出时，也常用童车推着孩子走，这样也会使孩子处于较低的位置，容易受到汽车尾气污染，这时候最好把孩子抱起来。

• 家具、玩具中的铅

不只是汽车尾气，生活中很多物品都是铅的潜在来源，比如玩具、服饰、家具、文具等。

很多家长喜欢把儿童房装饰得五颜六色，殊不知，许多建材如家具涂料、内墙涂料、有颜色的木家具和壁纸等都含有铅，容易造成房间空气里的铅污染。

孩子一般都喜欢颜色鲜艳的玩具，婴儿期的宝宝还喜欢把玩具放到嘴里，而这些印有花花绿绿图案的积木、气球、金属玩具、注塑玩具等都含有一定量的铅。另外，蜡笔、化妆品、指甲油、钥匙、深色铅笔漆层及报纸等，也都含有铅。

通常来讲，颜色越鲜艳的玩具、家具、服饰，铅等重金属的含量就越高。有调查显示，众多刷油漆的儿童家具、玩具中，橙色油漆含铅量最高，接下来依次为黄、绿、棕色等。这几种颜色是儿童非常喜欢的，商家因此生产得最多。

家长在给孩子选购家具、玩具、服饰的时候尽量避免颜色过于鲜艳并且气味大的，最好购买正规厂家生产的，含铅量符合标准的产品。买回家的玩具、服饰最好先用水清洗干净，置阳光下晾晒后再给孩子使用。

• 食物中的铅

某些食物中含铅较高，如松花蛋、罐装食品、饮料，老式的锅式爆米花等都会有铅的留存。

爱心提示：

一些彩色的含釉餐具也含有一定量的铅，所以家长给宝宝选择餐具的时候尽量不要选彩色的。

• 坏习惯引入铅

孩子们的坏习惯是吸入铅的重要途径，吮吸手指、啃咬玩具、不洗手就吃东西等不良习惯，会为铅毒进入体内大开方便之门。

孩子很好斗或是因为铅中毒

一直乖乖听话的宝宝突然变得好斗、多动？一向上课认真听讲的孩子最近注意力不集中、成绩开始下降？这很有可能是宝宝铅中毒的表现。孩子出现不明原因的头痛、腹痛、情绪急躁、攻击行为、注意力分散、记忆力下降、身体发育迟滞、偏食等症状，都可能是血铅超标的警示。

如果家长发现孩子有好斗、注意力不集中等症状，要及时带孩子到专业门诊检查，并由医生根据情况给予驱铅治疗。

铅中毒症状多为非特异性

儿童从呼吸道吸入或消化道摄入铅尘，在体内慢慢累积，在早期没有什么症状，累积越多，毒性越大，中毒症状才慢慢出现。

但铅中毒的症状基本上是非特异性的（非特有症状），如在神经系统表现为注意力不集中、智力下降；情绪方面则是脾气变大、有攻击的行为；消化系统表现为不规律的腹痛、食欲不振、腹胀恶心。

同时，铅超标还会干扰其他微量元素的吸收，比如干扰铁的吸收，孩子就容易出现贫血。但出现以上症状并不表明一定是铅中毒，家长要带孩子到医院做进一步检查才能确定。

铅中毒诊断标准

Ⅰ级：<100 微克 / 升（相对安全），如果胎儿血铅水平接近这个值，就

已经具有毒性，易使孕妇流产、早产，胎儿宫内发育迟缓。

Ⅱ级：100—199 微克 / 升（轻度铅中毒），影响神经传导速度和认知能力，使儿童易出现头晕、烦躁、注意力涣散、多动。

Ⅲ级：200—450 微克 / 升（中度铅中毒），可引起缺钙、缺锌、缺铁，生长发育迟缓、反应迟钝、智商下降等。

Ⅳ级：450—700 微克 / 升（重度铅中毒），可引起性格改变、易激动、有攻击性行为、学习困难等。

Ⅴ级：>700 微克 / 升（极重度铅中毒），导致多脏器损害、铅性脑病、瘫痪、昏迷甚至死亡。

按照目前我国的标准，孩子体内的血铅含量在 100 微克 / 升以上，就属于轻度铅中毒，需要进行医疗干预。

虽然血铅含量在 100 微克 / 升以下相对安全，但为了保障儿童的生长发育，欧美一些发达国家很早就提出了“零铅”的概念，并修改了血铅标准，普遍要求儿童血铅水平维持在 20 微克 / 升以下。对于我国儿童，血铅含量应尽量控制在 60 微克 / 升以下，高于这个值就要进行一些人为干预。

铅中毒的治疗

• 以环境干预为基础

虽然铅中毒的治疗措施要根据血铅水平来定，但前提条件是要先找到铅的来源，脱离铅污染环境；同时进行健康教育，养成良好的生活习惯，避免铅的摄入。

如果血铅含量在Ⅰ级以下，可以环境干预为主，同时进行营养干预治疗，均衡膳食，多吃钙、铁、锌和维生素等含量丰富的食物，并定期复查。

- 含钙铁锌食物可加快铅排出

80% 的铅进入体内是通过肠黏膜上的一种转运蛋白作载体，同时，食物中的钙、铁、锌等在肠道吸收过程中和铅享用同一部位的转运蛋白，在吸收过程中具有竞争性，因此，提高膳食中钙铁锌的含量，可有效降低铅在肠道内的吸收。

排铅食物有牛奶、虾皮、茶叶、大蒜、胡萝卜、南瓜、海带、洋葱、绿豆汤、木耳、魔芋等。含铁高的食物有瘦肉、动物肝脏和动物血等；含锌高的食物有坚果、海产品等；富含维生素 C 的果蔬有奇异果、豆芽、绿叶蔬菜、鲜枣、橘、柠檬等。

如果是轻度及以上的铅中毒，就要在生活方式干预的基础上适当使用驱铅药物。因为这些药物可能会有一定的副作用，所以在使用时必须谨遵医嘱、密切监测。

市场上的排铅产品是否有效

随着大家对铅中毒的日益重视，市面上出现了形形色色的排铅食品或保健品。这些产品的原理大多是通过络合铅或者补充体内的钙铁锌等来达到排铅的目的。在购买这些产品之前，先要到医院去做一个标准的血铅测定，弄清孩子的血铅水平有多高。如果孩子确实血铅过高，可以适当使用这些排铅产品，但一定要按说明使用，而且不能以为吃着排铅食品或保健品就万事大吉了，还要去除铅污染源，控制铅摄入途径。否则一边吃排铅食品或保健品，一边还处在铅污染的环境中，就没有效果。

铅中毒的预防

- 孕期就开始的预防

摄食同样量的铅，成年人只吸收10—15%，孕妇与儿童吸收率则高达50%。而孕妇吸收的铅90%会通过胎盘传输给胎儿，导致胎儿先天性铅中毒，进而影响胎儿的生长发育进程。

所以为了生育一个健康宝宝，准备怀孕的女性，孕前三个月就要做好排铅工作。

提醒准妈妈们，孕期要远离铅污染环境，不在车来车往的路边散步，少吃薯片、薯条、爆米花、皮蛋等含铅食品，不要住在新装修的房子里，孕期最好不用化妆品，少接触含铅的化妆品。注意营养均衡，注意补钙，可减轻体内血铅含量。

- 不让宝宝在马路边玩耍

家长最好不要推着婴儿车遛马路，也尽量不要让孩子在马路边玩，带孩子去空气清新的地方散步。家长带孩子过马路时，最好把孩子抱起来。

- 营养均衡，少吃含铅食物

注意营养均衡，多吃钙铁锌和维生素含量丰富的食物，有预防铅中毒的作用。儿童应定时进食，空腹时铅的吸收率成倍增加。少吃含铅量较高的食物，如膨化食品、爆米花、皮蛋等。

- 培养宝宝良好的卫生习惯

让孩子保持勤洗手的好习惯，尤其是在玩过玩具后和饭前洗手，可减少铅尘从手入口，一次洗手可以消除约90%附着在手上的铅。常给孩子剪指甲，因为指甲缝是藏污纳垢的重灾区；教导孩子不吮吸手指、不啃食玩具、不将异物放入口中。

- 缔造良好的家居环境

给孩子购买玩具、文具、书本不能只看亮丽的色彩，一些色彩艳丽、质量低劣的产品含铅量很高。经常用湿拖布拖地板，用湿抹布擦桌面和窗台。食品和奶瓶的奶嘴上要加罩。经常清洗儿童的玩具和其他一些有可能被孩子放到口中的物品。一些老旧的自来水管道材料中含铅量很高，每天早上用自来水时，应将水龙头打开3—5分钟，让前一晚囤积的水放掉。

和宝宝密切接触的大人也要注意一些生活细节，比如看完报纸后及时洗手、新妈妈要少用化妆品、头发不要烫染等。

疫苗会打出自闭症吗

“疫苗打出自闭症”的说法一度在社会上传播，吓得父母谈疫苗色变。那自闭症和疫苗注射之间到底有关系吗？

答案是否定的。

自闭症是一种脑部功能障碍进而影响正常人际交流的状态。自闭症，也就是孤独症谱系障碍，其病因尚未明确。目前认为，遗传、脑部解剖结构差异以及环境中存在的有毒物质对自闭症的发生有重要影响。

那么，为何会出现疫苗可导致自闭症这种错误的认识呢？

这主要是由于1998年发表的一篇文章中提到，注射麻疹腮腺炎风疹联合疫苗或自然感染麻疹病毒，可导致自闭症。但随后的众多科学研究发现，疫苗和自闭症之间没有任何关联。

最终证实疫苗导致自闭症的文章是伪造的，发表该论文的医生被吊销了行医执照，并且刊登这篇文章的杂志社撤销了该论文。

然而即使有确凿的证据表明疫苗的安全性及有效性，一些家长仍然拒绝或推迟让孩子注射疫苗。这种行为是相当危险的，因为疫苗可预防的疾病，如麻疹、腮腺炎，仍普遍存在，而且一个未经免疫的孩子患了这类疾病，周围人感染的风险也会大大增加。

图书在版编目（CIP）数据

儿科医生育儿详解：儿童早期发展的家庭实践 / 陈津津等著. --
上海：上海教育出版社, 2018.6

ISBN 978-7-5444-8492-3

Ⅰ. ①儿… Ⅱ. ①陈… Ⅲ. ①婴幼儿—哺育 Ⅳ. ①TS976.31

中国版本图书馆CIP数据核字(2018)第133741号

责任编辑 管 倚
美术编辑 赖玟伊

儿科医生育儿详解
——儿童早期发展的家庭实践
陈津津 朱建征 汪秀莲 吴丹 著

出版发行 上海教育出版社有限公司
官 网 www.seph.com.cn
地 址 上海市永福路123号
邮 编 200031
印 刷 上海叶大印务发展有限公司
开 本 787×1092 1/16 印张 10.25
字 数 135 千字
版 次 2018年6月第1版
印 次 2018年6月第1次印刷
书 号 ISBN 978-7-5444-8492-3/R·0013
定 价 36.80 元

如发现质量问题，读者可向本社调换 电话：021-64377165